**Kemper
Unfallverhütung**

Fachwissen Feuerwehr

FACHWISSEN FEUERWEHR

Kemper

UNFALLVERHÜTUNG

Hinweise für den Benutzer
Die Wiedergabe von Gebrauchsnamen, Handelsnamen, Warenbezeichnungen usw. in diesem Buch berechtigt auch ohne besondere Kennzeichnung nicht zu der Annahme, dass solche Namen im Sinne der Warenzeichen- und Markenschutzgesetzgebung als frei zu betrachten wären und daher von jedermann benutzt werden dürfen.

In diesem Werk werden Rechtsgrundlagen, physikalisch-chemische Daten, Grenzwerte, Gefahrenhinweise und Sicherheitsratschläge erwähnt. Der Leser darf darauf vertrauen, dass Autor und Verlag größte Mühe darauf verwandt haben, diese Angaben bei Fertigstellung dieser Schrift genau dem Wissensstand entsprechend zu bearbeiten; dennoch sind Fehler nicht vollständig auszuschließen.

Autor und Verlag haften demgemäß nicht für Fehler, die trotz der aufgewendeten Sorgfalt möglich sind.

Mit freundlicher Empfehlung   Autor und Verlag

Die Deutsche Bibliothek – CIP-Einheitsaufnahme

Kemper, Hans:
Unfallverhütung : Gefährdungen, Verantwortung, Unfallversicherung, Unfallverhütungsvorschriften, sicherer Feuerwehrdienst / Kemper. – 1. Aufl. – Landsberg/Lech : ecomed, 2002
(ecomed Sicherheit)
(Fachwissen Feuerwehr)
ISBN 3-609-62098-6

Kemper

Unfallverhütung

Reihe: Fachwissen Feuerwehr

1. Auflage 2002

© 2002 ecomed SICHERHEIT in der ecomed verlagsgesellschaft AG & Co. KG

Justus-von-Liebig-Straße 1, 86899 Landsberg/Lech

Telefon 08191/125-0, Telefax 08191/125-594
Internet: http://www.ecomed-SICHERHEIT.de
E-Mail: info@ecomed.de

Alle Rechte, insbesondere das Recht der Vervielfältigung und Verbreitung sowie der Übersetzung, vorbehalten. Kein Teil des Werkes darf in irgendeiner Form (durch Fotokopie, Mikrofilm oder ein anderes Verfahren) ohne schriftliche Genehmigung des Verlages reproduziert oder unter Verwendung elektronischer Systeme gespeichert, verarbeitet, vervielfältigt oder verbreitet werden.
Satz: abc.Mediaservice GmbH, 86807 Buchloe
Druck: Kessler Verlagsdruckerei, 86399 Bobingen
Printed in Germany 620098/0802605
ISBN: 3-609-62098-6

Vorwort

Die Anforderungen an die Angehörigen der Freiwilligen Feuerwehren, Berufsfeuerwehren, Werk- und Betriebsfeuerwehren haben sich im Laufe der Jahre erheblich verändert. Genügten früher die Kenntnisse der normalen Brandbekämpfung, müssen heute selbst kleine Feuerwehren die unterschiedlichsten Notlagen meistern, um in Not geratene Mitmenschen oder Tiere zu retten, Sachwerte zu erhalten und die Umwelt vor Schaden zu bewahren.

Dies ist nur noch möglich, wenn für die Feuerwehrangehörigen eine umfassende und wirksame Aus- und Weiterbildung angeboten und durchgeführt wird.

Diese Forderung steht jedoch dem Problem gegenüber, dass diese Aus- und Weiterbildung von den meist freiwillig tätigen Angehörigen der Feuerwehren zusätzlich zu den immer weiter steigenden Anforderungen im Berufsleben geleistet werden muss.

Letztlich liegt es an jedem Feuerwehrangehörigen selbst, ob und in welchem Umfang er bereit ist, sich durch eine regelmäßige und aktive Teilnahme an der Aus- und Weiterbildung den gesteigerten Anforderungen der Feuerwehr zu stellen.

Das Ziel der Broschürenreihe „Fachwissen Feuerwehr" besteht darin, die Feuerwehrangehörigen mit dem Wissen auszustatten, das in der heutigen Zeit erforderlich ist, um aufgabengerecht und wirkungsvoll tätig zu werden.

Sie ist vorrangig für die Feuerwehrangehörigen vorgesehen, die erstmals in das Thema Feuerwehr „einsteigen" und für diejenigen, die im Rahmen ihrer Weiterbildung an einer zusätzlichen Ausbildung teilnehmen bzw. für die die Beschäftigung mit diesen Themen ein Teil ihrer beruflichen Tätigkeit ist.

Vorwort

Die Gliederung der Broschüren entspricht weitgehend der Gliederung der Feuerwehr-Dienstvorschrift FwDV 2/2 „Ausbildung der Freiwilligen Feuerwehr – Musterausbildungspläne". Deshalb können diese Ausarbeitungen auch gut zur Lehrgangsvorbereitung und -begleitung genutzt werden. Das praktische Broschürenformat ermöglicht eine leichte Handhabung in der Praxis.

Die Texte und Abbildungen sind in leicht verständlicher Weise dargestellt, wichtige Hinweise und Merksätze filtern die für die Praxis wichtigen Informationen heraus. Auf die Verwendung spezieller Formeln und wenig gebräuchlicher Begriffe und Einheiten wird weitgehend verzichtet. Die Angaben technischer Daten erfolgt ohne Gewähr.

Die Funktionsbezeichnungen und personenbezogenen Begriffe gelten sowohl für weibliche als auch für männliche Feuerwehrangehörige.

Die Broschüre **„Unfallverhütung"** befasst sich mit den Grundlagen zur Vermeidung von Unfällen und Gesundheitsschäden im Feuerwehrdienst, die sicher stellen sollen, dass die Feuerwehrangehörigen ohne Verletzungen und Schädigungen ihre Aufgaben erfüllen können.

Die Beachtung der notwendigen Maßnahmen zur Unfallverhütung ist darüber hinaus eine wesentliche Voraussetzung für jede wirksame und erfolgreiche Einsatzdurchführung.

Durch das Wissen über die Gefahren an einer Einsatzstelle und im sonstigen Dienstbetrieb, durch die Anwendung sicherer Arbeitsweisen und durch die Verwendung geeigneter Einsatzmittel ist es den Feuerwehrangehörigen durchaus möglich, ihre Tätigkeiten den Gefahren soweit anzupassen, dass Verletzungen und Schädigungen weitgehend vermieden werden können.

Der Herausgeber bedankt sich besonders bei der Feuerwehr Geseke für die Unterstützung bei der Erstellung der Broschüre.

Geseke, August 2002   Hans Kemper

Inhalt

Vorwort 5

Inhalt 7

1 Einleitung 9

2 Gefährdungen im Feuerwehrdienst 12
2.1 Einsatzdienst 12
2.2 Sonstige Tätigkeiten 13
2.3 Gefährdungsmerkmale 14
2.4 Selbstkontrolle und Testfragen 15

3 Verantwortlichkeiten für den Unfallschutz 16
3.1 Aufgabenverteilung 16
    3.1.1 Aufgaben der Gemeinde 17
    3.1.2 Aufgaben der Leitung der Feuerwehr 17
    3.1.3 Aufgaben der sonstigen Führungskräfte 18
    3.1.4 Aufgaben der Feuerwehrangehörigen 19
3.2 Nichtbeachten von Vorschriften und Regeln 20
3.3 Selbstkontrolle und Testfragen 22

4 Gesetzliche Unfallversicherung 23
4.1 Aufgaben der gesetzlichen Unfallversicherung 25
4.2 Versicherte Personen und Tätigkeiten 26
4.3 Leistungen der gesetzlichen Unfallversicherung 28
    4.3.1 Heilbehandlungen 28
    4.3.2 Berufliche Rehabilitation 29
    4.3.3 Entschädigung durch Geldleistungen 30
4.4 Maßnahmen nach Eintritt eines Unfalls 31
4.5 Selbstkontrolle und Testfragen 33

Inhalt

5	**Unfallverhütungsvorschriften**	34
5.1	Unfallverhütungsvorschrift „Feuerwehren"	35
5.2	Sonstige Unfallverhütungsvorschriften	37
5.3	Unterweisungen	38
5.4	Wortlaut der UVV „Feuerwehren"	38
	5.4.1 Inhaltsverzeichnis	39
	5.4.2 Wortlaut	39
5.5	Selbstkontrolle und Testfragen	49
6	**Sicherer Feuerwehrdienst**	51
6.1	Persönliche Anforderungen	52
6.2	Persönliche Schutzausrüstungen	53
	6.2.1 Feuerwehrschutzanzug	54
	6.2.2 Feuerwehrhelm mit Nackenschutz	56
	6.2.3 Feuerwehrschutzhandschuhe	58
	6.2.4 Feuerwehrschutzschuhwerk	59
6.3	Spezielle persönliche Schutzausrüstungen	60
6.4	Verhalten der Feuerwehrangehörigen	62
	6.4.1 Straßenverkehr	62
	6.4.2 Beladen, Entladen und Transportieren	63
	6.4.3 Wasserförderung und Wasserabgabe	66
	6.4.4 Verbrennungsmotoren	68
	6.4.5 Sprungrettung	69
	6.4.6 Technische Hilfeleistung	70
	6.4.7 Einsturz und Absturz	72
	6.4.8 Elektrische Anlagen	74
6.5	Selbstkontrolle und Testfragen	76
7	**Literatur- und Quellenverzeichnis**	78
	Lösungen	80

1 Einleitung

Aufgabe der Feuerwehr ist es Gefahren abzuwehren, die Personen oder der Allgemeinheit drohen. Dazu müssen Feuerwehrangehörige u. U. gefährliche Bereiche betreten oder in unfallträchtigen Situationen tätig werden.

Die im Feuerwehreinsatz auftretenden Gefahren sind wesentlich größer als die Gefahren in vielen anderen Arbeitsbereichen. Während Arbeitsabläufe meist bis ins letzte Detail geplant und auch überschaubar sind, können Gefahren beim Feuerwehreinsatz sowohl von der Einsatzleitung, als auch von den eingesetzten Feuerwehrangehörigen nicht immer vollständig erfasst werden.

Abbildung 1: Besondere Gefahrensituation beim Einsatz der Feuerwehr
(Quelle: DVW Dietrich + Vonhof, Wuppertal)

Einleitung

Im Gegensatz zu betroffenen Personen verfügen die Einsatzkräfte aber über ein entsprechendes Fachwissen über die vorhandenen oder drohenden Gefahren und über die technischen und auch taktischen Voraussetzungen, um sich vor diesen Gefahren zu schützen.

Darüber hinaus bestehen auch bei sonstigen Tätigkeiten der Feuerwehr, wie Übungsdienst, Arbeitsdienst o. ä. Gefahren, die zu einem Unfall oder zu einer Schädigung der Gesundheit der Feuerwehrangehörigen führen können.

Hinweis: Ein Unfall ist: ... ein plötzlich auftretendes, zeitlich begrenztes Ereignis, bei dem durch äußere Ursachen Gesundheits- oder Sachschäden hervorgerufen werden ... !

Unfälle ereignen sich aber nicht zufällig und beruhen meist nicht auf Einzelursachen, sondern auf einer Kombination von verschiedenen Ursachen. Diese können sowohl im technischen oder organisatorischen als auch im persönlichen Bereich liegen.

Die Entstehung von Unfällen wird besonders begünstigt durch:

- Aufregung, Hektik oder übertriebene und unnötige Eile,
- Übermüdung oder mangelnde Leistungsfähigkeit,
- mangelnde Ausbildung und Unterweisung,
- Genuss und Auswirkungen von Alkohol,
- Gewöhnung an bestimmte Vorgänge und Tätigkeiten.

Jeder Unfall kann dann weitreichende Folgen für die Feuerwehrangehörigen oder Andere haben, wie z. B.:

- Unannehmlichkeiten und Schmerzen,
- längere Krankheit, bleibende Verletzungen,
- Fehlen am Arbeitsplatz oder Berufsunfähigkeit,
- Verlust oder zeitweiser Ausfall von Einsatzkräften,
- Gefährdung des Einsatzauftrages.

Einleitung

Die Verhütung von Unfällen setzt vor allem das Trainieren sicherer Handlungsabläufe voraus. Nur durch die Beherrschung dieser Handlungsabläufe ist der Feuerwehrangehörige in der Lage, ohne gesundheitliche Schädigung tätig zu werden.

Die weiteren Voraussetzungen für einen wirksamen Unfall- und Gesundheitsschutz sind:

- die gründliche Überprüfung der Eignung der Feuerwehrangehörigen für den Feuerwehrdienst,
- das Trainieren sicherer Handlungen für den Einsatzdienst durch eine immer wieder aktualisierte Aus- und Fortbildung,
- ein regelmäßiges Belastungstraining, das sowohl körperliche als auch geistige Belastungselemente enthält,
- eine für die Lösung der jeweiligen Einsatzaufgabe geeignete technische Ausrüstung und eine geeignete persönliche Schutzausrüstung,
- die Beachtung der jeweils geltenden Feuerwehr-Dienstvorschriften, Unfallverhütungsvorschriften und sonstigen sicherheitstechnischen Regeln,
- eine sorgfältige Erkundung einer Einsatzstelle und die richtige Beurteilung der erkannten bzw. vermuteten Gefahren,
- eine umfassende Unterweisung zu Arbeitsabläufen und zu auftretenden Gefahren im Bereich der sonstigen Tätigkeiten der Feuerwehr,
- gegebenenfalls auch unterstützende Ausbildungsmaßnahmen durch eine regelmäßige feuerwehrspezifische sportliche Betätigung.

Durch das Wissen über die Gefahren an einer Einsatzstelle und im sonstigen Dienstbetrieb ist es den Feuerwehrangehörigen durchaus möglich, ihre Tätigkeiten den Gefahren soweit anzupassen, dass Verletzungen und Schädigungen der Gesundheit weitgehend vermieden werden können.

Hinweis: Treten jedoch trotz aller Vorsichtsmaßnahmen Verletzungen oder Gesundheitsschädigungen auf, kommt der Versicherungsschutz der gesetzlichen Unfallversicherung zum Tragen.

2 Gefährdungen im Feuerwehrdienst

Für die Angehörigen der Feuerwehren bestehen Gefährdungen im Einsatzdienst und bei Tätigkeiten im sonstigen Dienstbetrieb. Diese Gefährdungen können zu Verletzungen oder Gesundheitsschädigungen führen. Gefährdet sind die Feuerwehrangehörigen aber nur dann, wenn sie die Gefahren nicht rechtzeitig erkennen oder sie sich aus anderen Gründen nicht durch persönliche Schutzausrüstungen und/oder durch taktisch richtiges und umsichtiges Verhalten davor schützen.

2.1 Einsatzdienst

Der Einsatzdienst der Feuerwehren ist deshalb besonders gefährlich, weil die Feuerwehren gerade in bedrohlichen Situationen alarmiert werden, um z. B.

- bei Bränden,
- beim Auftreten von Atemgiften,
- bei unkontrolliert frei werdenden gefährlichen Stoffen und Gütern,
- bei Explosionsgefahren,
- bei Einsturzgefahren,
- bei Einwirkungen durch elektrischen Strom

für Rettungsmaßnahmen, zur Brandbekämpfung oder zu technischen Hilfeleistungen eingesetzt zu werden.

Erschwerend kommt hinzu, dass die Feuerwehren in diesen Situationen u. U.

- an unbekannten Einsatzorten und auf unwegsamen Gelände,
- bei schlechter Witterung und bei Dunkelheit oder
- unter Sichtbehinderungen durch z. B. Brandrauch

tätig werden müssen.

Gefährdungen im Feuerwehrdienst

Während des Einsatzdienstes sind die möglichen Gefährdungen der Einsatzkräfte sehr vielfältig. Dies sind besonders Gefahren

- auf der Fahrt zum und vom Feuerwehrdienst und besonders bei Einsatzfahrten,
- durch eine unmittelbare Brandeinwirkung, wie z. b. die Übertragung von Wärme auf Personen, auf Bauteile, auf gefüllte oder unter Druck stehende Behälter, auf noch nicht brennbare Stoffe oder auf gefährliche Stoffe,
- durch die Einwirkung gefährlicher Stoffe, wie z. b. durch Verätzungen oder Vergiftungen, durch Inkorporation oder Kontamination,
- durch unsachgemäße Verwendung von Ausrüstungen und Geräten, wie z. b. das fehlerhafte Bedienen technischer Geräte, der nicht fachgerechte Umgang mit Schläuchen und Strahlrohren oder das falsche Tragen von schweren oder sperrigen Geräten.

Unordnung, Hektik, übertriebene Eile und Aufregungen an der Einsatzstelle tragen ebenfalls dazu bei, dass Gefahren übersehen oder wichtige Sicherheitsregeln außer Acht gelassen werden.

2.2 Sonstige Tätigkeiten

Neben den Gefahren im Einsatzdienst bestehen aber auch im sonstigen Dienstbetrieb, z. B.

- beim Übungsdienst,
- bei Ausbildungsveranstaltungen und Schulungen,
- beim Arbeits- und Werkstattdienst,
- bei sportlichen Betätigungen (Dienstsport),
- bei Feuerwehrveranstaltungen mit offiziellem Charakter,
- bei Feuerwehrwettkämpfen und
- bei Fahrten zum oder vom Dienst

Gefahren, die zu Verletzungen oder Gesundheitsschädigungen führen können.

2.3 Gefährdungsmerkmale

Eine gezielte und systematische Ermittlung der bestehenden Gefährdungen und Belastungen im Einsatzdienst und im sonstigen Dienstbetrieb, z.B. in Form einer genauen Lageerkundung oder einer Gefährdungsbeurteilung, ist ein wichtiges Instrument, um Unfallgefahren zu verringern oder Unfälle zu verhindern.

Tabelle 1: Mögliche Gefährdungen bei Einsätzen und sonstigen Tätigkeiten der Feuerwehr

Einwirkungen	Gefährdungen durch ...
mechanisch	• Stoß, Schlag, Stich, Schnitt • Ausrutschen, Stolpern, Abstürzen • Quetschen, Einklemmen • Hängen bleiben
thermisch	• Einwirken von Flammen und/oder Wärmestrahlung • Verbrühen • Erfrieren
klimatisch	• Nässe, Kälte, Sonneneinstrahlung
elektrisch	• spannungsführende Teile, Stromüberschlag • statische Elektrizität
chemisch	• Rauch, Gase, Dämpfe • Säuren, Laugen, Mineralöle, Lösemittel • Stäube, Fasern
biologisch	• Bakterien, Pilze, Parasiten, Viren
physisch	• schwere Lasten, erhöhte Anstrengungen • mangelnde körperliche Leistungsfähigkeit
psychisch	• schreiende Personen • stark verletzte oder tote Personen

2.4 Selbstkontrolle und Testfragen

(Lösungen siehe Seite 80)

1. In welchen Einsatzsituationen kann es zu besonderen Gefährdungen für Einsatzkräfte kommen?
   a) Bei Bränden.
   b) Beim Auftreten von Atemgiften.
   c) Bei zu lauten Befehlserteilungen.
   d) Bei Einsturzgefahren.

2. Welche Situationen erschweren zusätzlich die Einsatztätigkeiten der Feuerwehr?
   a) Bewegen in unwegsamen Gelände.
   b) Erkunden bei Dunkelheit und bei Sichtbehinderungen.
   c) Durchführen einer umfassenden Lageerkundung.
   d) Ablauf von geordneten und überlegten Einsatzmaßnahmen.

3. Bei welchen sonstigen Tätigkeiten bestehen Gefahren für Feuerwehrangehörige?
   a) Beim Übungsdienst oder bei Ausbildungsveranstaltungen.
   b) Bei Feuerwehrveranstaltungen mit offiziellem Charakter.
   c) Bei Diskussionen mit Führungskräften.
   d) Bei Fahrten zum oder vom Dienst.

4. Welche Gefährdungen können im Dienstbetrieb der Feuerwehr auftreten? Gefährdungen durch ...
   a) Stoß, Schlag, Stich, Schnitt.
   b) Rauchen, Essen, Trinken.
   c) Nässe, Kälte, Sonneneinstrahlung.
   d) Gute körperliche Leistungsfähigkeit.

3 Verantwortlichkeiten für den Unfallschutz

Die Gemeinden – als Träger der Feuerwehr – sind zunächst verantwortlich für die ordnungsgemäße Aufgabenerfüllung und die geregelten Abläufe in ihren Feuerwehren.

Sie sind darüber hinaus auch für die Durchführung der Maßnahmen zur Verhütung von Arbeitsunfällen, Berufskrankheiten und für die Verhütung von arbeitsbedingten Gesundheitsgefahren sowie für die Sicherstellung einer wirksamen Ersten Hilfe verantwortlich.

Im Rahmen einer Pflichtenübertragung werden die Leitung der Feuerwehr und, sofern sich diese nicht aus der Dienststellung (Wehrführer, Zugführer, Gruppenführer oder Wachabteilungsführer, Fahrzeugführer) der Führungskräfte ergibt, sonstige Führungskräfte mit der Wahrnehmung des Arbeitsschutzes und der Unfallverhütung beauftragt.

Es ist dabei gegebenenfalls erforderlich, die übertragenen Pflichten zu beschreiben, gegebenenfalls Arbeitsanweisungen für die jeweiligen Abteilungen oder Aufgabenbereiche zu verfassen oder entsprechende Dienstanweisungen verbindlich anzuordnen.

3.1 Aufgabenverteilung

Die Verantwortlichkeiten im Bereich des Arbeitsschutzes und der Unfallverhütung können im Bereich der Feuerwehr wie folgt gegliedert werden:

Verantwortlich für die Sicherheit im Feuerwehrdienst sind	⇒	Die Gemeinden als Träger der Feuerwehr
	⇒	Die Leitung der Feuerwehr
	⇒	Die Führungskräfte der Feuerwehr
	⇒	Die Feuerwehrangehörigen

Verantwortlichkeiten für den Unfallschutz

3.1.1 Aufgaben der Gemeinde

Die Gemeinden, als Träger der Feuerwehr nach landesrechtlichen Vorschriften, sind dafür verantwortlich, dass

- zur Verhütung von Arbeitsunfällen Anordnungen und Maßnahmen getroffen werden, die den Unfallverhütungsvorschriften und den allgemein anerkannten sicherheitstechnischen und arbeitsmedizinischen Regeln entsprechen,
- alle Baulichkeiten, Einrichtungen, Fahrzeuge und Gerätschaften der Feuerwehr so eingerichtet und unterhalten, sowie die erforderlichen persönlichen und sonstigen Schutzausrüstungen bereitgestellt werden, dass die Feuerwehrangehörigen gegen Unfälle geschützt sind,
- bei Feuerwehrangehörigen, die bei ihrer Tätigkeit einer besonderen gesundheitlichen Gefährdung ausgesetzt werden können, regelmäßig spezielle Vorsorgeuntersuchungen gemäß arbeitsmedizinischer Grundsätze (z. B. G 26-3 Atemschutz) durchgeführt werden,
- die erforderlichen Hilfsmittel (z. B. Maskenbrillen) für die Feuerwehrangehörigen beschafft werden, wenn dies aus arbeitsmedizinischer Sicht erforderlich ist.

3.1.2 Aufgaben der Leitung der Feuerwehr

Die Leitung der Feuerwehr ist als Beauftragte der Gemeinde dafür verantwortlich, dass

- nur Personen in die Feuerwehr aufgenommen werden, die entsprechend den landes- oder beamtenrechtlichen Vorschriften für eine Tätigkeit in der Feuerwehr körperlich, geistig und charakterlich geeignet sind,
- die Feuerwehrangehörigen mit einer vollständigen und geeigneten persönlichen Schutzausrüstung ausgestattet werden und diese Ausrüstung auch gepflegt und laufend überprüft wird,
- nur für Feuerwehrzwecke geeignete, möglichst genormte und bewährte Fahrzeuge, Ausrüstungen und Geräte beschafft werden,

Verantwortlichkeiten für den Unfallschutz

- alle Baulichkeiten, Einrichtungen, Fahrzeuge, Ausrüstungen und Geräte der Feuerwehr in sicherem Zustand erhalten bleiben und schadhafte Einrichtungen, Fahrzeuge, Ausrüstungen und Geräte unverzüglich der Benutzung entzogen werden,
- die geltenden Unfallverhütungsvorschriften an geeigneter Stelle ausgelegt und den mit der Durchführung der Unfallverhütung betrauten Führungskräften entsprechende Vorschriften ausgehändigt werden,
- die Führungskräfte ausreichend geschult und bei ihrer Tätigkeit im Bereich Unfallverhütung unterstützt werden,
- die Feuerwehrangehörigen über die bei ihren Tätigkeiten auftretenden Gefahren in angemessenen Zeitabständen, mindestens jedoch einmal jährlich, unterwiesen werden.

3.1.3 Aufgaben der sonstigen Führungskräfte

Die sonstigen Führungskräfte sind dafür verantwortlich, dass

- den Feuerwehrangehörigen die notwendigen Kenntnisse und Fertigkeiten vermittelt werden, um Gefahren zu erkennen und diesen in geeigneter Weise begegnen zu können,
- im Rahmen einer sorgfältigen Aus- und Fortbildung die einschlägigen Vorschriften, Regeln und Maßnahmen zur Unfallverhütung behandelt und erläutert werden,
- nur körperlich und fachlich geeignete Feuerwehrangehörige für dienstliche Tätigkeiten, insbesondere bei Ausbildung, Übung und Einsatz, eingesetzt werden,
- die Einsatzkräfte bei ihrer Einsatztätigkeit nur solchen Situationen ausgesetzt werden, in denen sie sich aufgrund ihrer Ausbildung, ihrer körperlichen Leistungsfähigkeit, ihrer Ausrüstung und ihrer Erfahrung sicher verhalten können,
- die Einsatzkräfte bei starker Beanspruchung, z.B. bei Verwendung von Atemschutzgeräten, oder bei langandauernden Einsatztätigkeiten rechtzeitig abgelöst und ihnen Möglichkeiten zum Ausruhen, Trocknen der Klei-dung oder zum Essen und Trinken gegeben werden,

Verantwortlichkeiten für den Unfallschutz

- die Verwendung der bereitgestellten persönlichen Schutzausrüstung überprüft und die je nach Einsatzsituation erforderliche zusätzliche Schutzausrüstung benannt bzw. ihre Verwendung angeordnet wird,
- der Einsatz mit Atemschutzgeräten entsprechend den Bestimmungen der Unfallverhütungsvorschriften und der Feuerwehr-Dienstvorschrift FwDV 7 durchgeführt wird,
- Dienstunfälle entsprechend den Vorgaben der Unfallversicherungsträger (Unfallanzeige) umgehend gemeldet werden.

3.1.4 Aufgaben der Feuerwehrangehörigen

Alle Feuerwehrangehörigen sind wiederum dafür verantwortlich, dass sie im Rahmen ihres Aufgabenbereiches zur Unfallverhütung beitragen und

- jederzeit die einschlägigen Unfallverhütungsvorschriften, Feuerwehr-Dienstvorschriften und sonstigen Richtlinien und Regeln beachten,
- bei Einsätzen und Übungen Anweisungen der vorgesetzten Führungskräfte zum sicheren Verhalten befolgen,
- versuchen, Gefahren zu erkennen, um sicherheitsgerecht darauf zu reagieren und diese erkannten Gefahren umgehend dem verantwortlichen Einsatzleiter und betroffenen anderen Einsatzkräften weiter melden,
- Einrichtungen, Fahrzeuge, Ausrüstungen und Geräte ihrem gedachten oder üblichen Zweck entsprechend verwenden und nur benutzen, wenn sie im Umgang damit unterwiesen und belehrt wurden,
- aufgetretene Mängel an Einrichtungen, Fahrzeugen, Ausrüstungen und Geräten umgehend beseitigen oder, wenn dies nicht zu ihren Aufgaben gehört, unverzüglich an die entsprechenden Verantwortlichen melden,
- die Vollständigkeit und den ordnungsgemäßen Zustand der ihnen bereitgestellten persönlichen Schutzausrüstungen gewährleisten und die Ausrüstung bestimmungsgemäß tragen und benutzen,
- durch regelmäßige Teilnahme an Ausbildungsveranstaltungen und Übungen die notwendigen Verhaltensmaßnahmen für ein unfallsicheres Tätigwerden trainieren und ihr Fachwissen in diesen und anderen Bereichen erhalten und erweitern.

Verantwortlichkeiten für den Unfallschutz

3.2 Nichtbeachten von Vorschriften und Regeln

Jedem einzelnen Feuerwehrangehörigen muss klar sein bzw. klar gemacht werden, dass die Nichtbeachtung von Sicherheitsmaßnahmen letztendlich vor allem ihm selbst, anderen Feuerwehrangehörigen oder den durch ein Schadenereignis betroffenen Personen erheblich schaden kann.

Dass es trotz wiederholtem persönlichen Fehlverhalten bisher nicht zu Schädigungen gekommen ist, beweist nicht die Richtigkeit des Fehlverhaltens oder die Unwirksamkeit der Sicherheitsvorschriften, sondern stellt allenfalls einen Glücksfall dar, mit dessen Ende jederzeit gerechnet werden muss.

In diesem Zusammenhang äußerte sich eine Führungskraft einer Feuerwehr in einem Leserbrief an eine Feuerwehrzeitschrift wie folgt:

> „… Häufig bleibt nicht viel Zeit, denn jede Minute zählt. Da macht es nichts aus, wenn einmal eine falsche Einsatzkleidung getragen wird. Wenn dadurch Menschenleben gerettet werden können, wird sich keiner der Betroffenen beschweren, dass seine Retter die falsche Bekleidung trugen."

Sicherlich ist es dem in einer Notlage befindlichen Betroffenen egal, ob und welche Schutzausrüstung seine Retter tragen.

- **Eine derartige Beweisführung zur Rechtfertigung eines Fehlverhaltens von Feuerwehrangehörigen wird aber schließlich ALLE Unfallverhütungsvorschriften und ALLE Regeln für ein sicheres Tätigwerden als nicht notwendig und überflüssig einstufen!**

Jeder Feuerwehrangehörige muss davon überzeugt werden, dass die Verwendung von Schutzausrüstungen und das Einhalten von entsprechender Vorschriften und Regeln den wirksamen Einsatz der Feuerwehr ermöglicht und vor allem dem eigenen Schutz, der eigenen Gesundheit und dem eigenen Wohlergehen dient.

Verantwortlichkeiten für den Unfallschutz

Verletzt sich ein Feuerwehrangehöriger durch sein eigenes Fehlverhalten, fällt er für den weiteren Einsatzverlauf aus, gegebenenfalls müssen sich die eigenen Führungs- und Einsatzkräfte auch noch um ihn kümmern und Hilfe leisten und stehen so für den weiteren Einsatzverlauf nicht zur Verfügung.

Somit kann durch das Fehlverhalten des Einzelnen die Durchführung wirksamer Einsatzmaßnahmen erheblich verzögert und auch gefährdet werden.

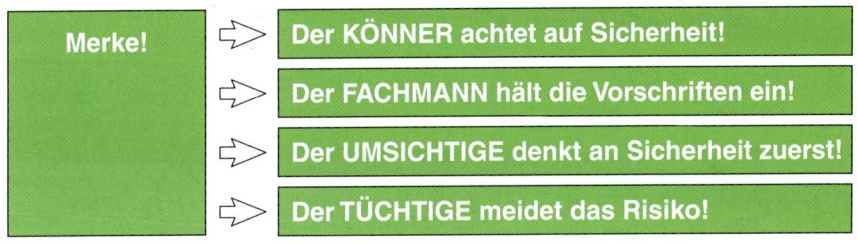

Merke!
⇨ Der KÖNNER achtet auf Sicherheit!
⇨ Der FACHMANN hält die Vorschriften ein!
⇨ Der UMSICHTIGE denkt an Sicherheit zuerst!
⇨ Der TÜCHTIGE meidet das Risiko!

Jeder Feuerwehrangehörige muss wissen, dass tagtäglich viele gut ausgebildete, gut ausgerüstete und vor allem gut trainierte Feuerwehrangehörige ihre Aufgaben erfolgreich, schnell und wirksam durchführen und das, obwohl sie die notwendige Schutzausrüstung tragen und die einschlägigen Regeln und Vorschriften beachten.

Letztlich kommt es aber auch auf das Verhalten der Führungskräfte an, ob und in welchem Umfang die verschiedenen Vorschriften und Regeln des Arbeitsschutzes und der Unfallverhütung beachtet und eingehalten werden.

Eine Führungskraft, die sich nur auf die Kontrolle und Überwachung des Verhaltens der Feuerwehrangehörigen beschränkt, selbst aber eher „salopp und leger" mit Vorschriften und Regeln umgeht und wenig vorbildlich handelt, wird die Anforderungen des Arbeitsschutzes und der Unfallverhütung ad absurdum führen.

Merke: Nur wer mit gutem Beispiel voran geht, kann Andere für ein sicherheitsgerechtes Verhalten motivieren!

Verantwortlichkeiten für den Unfallschutz

3.3 Selbstkontrolle und Testfragen

(Lösungen siehe Seite 80)

1. Wer ist für den Unfallschutz verantwortlich?
   a) Der Feuerwehrverband.
   b) Die Leitung der Feuerwehr.
   c) Jeder Feuerwehrangehörige.
   d) Die Unfallversicherer.

2. Für welche Aufgaben im Bereich der Unfallverhütung sind die Führungskräfte verantwortlich?
   a) Für die Bereitstellung der persönlichen Schutzausrüstung.
   b) Für die Durchführung arbeitsmedizinischer Vorsorgeuntersuchungen.
   c) Für die rechtzeitige Ablösung stark beanspruchter Einsatzkräfte.
   d) Für den Einsatz der Feuerwehrangehörigen entsprechend deren körperlichen und fachlichen Fähigkeiten.

3. Für welche Aufgaben im Bereich der Unfallverhütung sind die Feuerwehrangehörigen verantwortlich?
   a) Für die Beachtung der einschlägigen Vorschriften und Regeln.
   b) Für die Weitermeldung erkannter Gefahren.
   c) Für das Aussondern schadhafter Ausrüstungen und Geräte.
   d) Für die Überprüfung der Verwendung der Schutzausrüstungen.

4. Welche Folgen kann das Nichtbeachten von Vorschriften und Regeln haben?
   a) Verletzung oder Gesundheitsschädigung des Feuerwehrangehörigen.
   b) Belobigung des Feuerwehrangehörigen durch die Führungskräfte.
   c) Behinderung eines wirksamen Feuerwehreinsatzes.
   d) Verzögerung und Gefährdung von Einsatzmaßnahmen.

4 Gesetzliche Unfallversicherung

Feuerwehren erfüllen eine wichtige Aufgabe in der Gesellschaft und stehen meist freiwillig im Dienst der Allgemeinheit. Deshalb sind die Angehörigen der Freiwilligen Feuerwehren in den Schutz der gesetzlichen Unfallversicherung einbezogen. Sie haben, wenn sie einen Körper- oder Gesundheitsschaden im Feuerwehrdienst erleiden, einen Rechtsanspruch aus dieser gesetzlichen Unfallversicherung.

Die gesetzliche Unfallversicherung ist eine der vier Zweige der Sozialversicherung. Sie ist eine Pflichtversicherung, die nicht durch den Abschluss privater Unfallversicherungsverträge beeinflusst oder ersetzt wird.

Quelle: in Anlehnung an eine Grafik einer BUK-Information (Bundesverband der Unfallkassen e.V., München)

Gesetzliche Grundlage der Unfallversicherung ist das Sozialgesetzbuch VII (SGB VII). Es trat am 1. Januar 1997 in Kraft und ersetzt die entsprechenden Paragraphen der Reichsversicherungsordnung (RVO).

Gesetzliche Unfallversicherung

Träger der gesetzlichen Unfallversicherung sind im gewerblichen Bereich die fachlich, d. h. nach Gewerbezweigen gegliederten Berufsgenossenschaften und im öffentlichen Bereich die Unfallversicherungsträger der öffentlichen Hand.

Die Unfallversicherungsträger der öffentlichen Hand sind der Bund, die Bundesländer, die Gemeindeunfallversicherungsverbände bzw. die speziellen Feuerwehr-Unfallkassen.

Die Freiwilligen Feuerwehren gelten versicherungstechnisch als „**Unternehmen zur Hilfeleistung bei Unglücksfällen**" und fallen demnach in den Zuständigkeitsbereich der Unfallversicherungsträger der öffentlichen Hand.

Hinweis: Unfallversicherungsträger der öffentlichen Hand sind die Gemeindeunfallversicherungsverbände (GUVV), die Unfallkassen der Länder (UK) oder die Feuerwehr-Unfallkassen (FUK). Deren Spitzenverband ist seit April 1998 der „**Bundesverband der Unfallkassen e. V. (BUK)**".

Die Unfallversicherungsträger der öffentlichen Hand sind Körperschaften des öffentlichen Rechts mit Selbstverwaltung. Sie haben das Recht, sich selbst zu verwalten, d.h. sie führen die ihnen durch Gesetz übertragenen Aufgaben in eigener Verantwortung – jedoch unter staatlicher Aufsicht – durch.

Organe der Selbstverwaltung sind die Vertreterversammlung und der Vorstand, die jeweils zur Hälfte mit Vertretern der Versicherten und der Gemeinden als Kostenträger besetzt sind. Die laufenden Verwaltungsgeschäfte werden von einem hauptberuflichen Geschäftsführer wahrgenommen.

Gesetzliche Unfallversicherung

4.1 Aufgaben der gesetzlichen Unfallversicherung

Die Träger der gesetzlichen Unfallversicherung haben die Verpflichtung, mit allen geeigneten Mitteln dafür zu sorgen, dass:

- Arbeits- und Wegeunfälle verhütet werden,
- Berufskrankheiten und arbeitsbedingte Gefahren verhütet werden,
- die Erste Hilfe sichergestellt wird,
- Heilbehandlungen gewährt werden,
- berufsfördernde Leistungen erbracht werden,
- die berufliche und soziale Rehabilitation sichergestellt wird und ggf.
- Entschädigung durch Geldleistungen gezahlt wird.

Die Unfallversicherungsträger sind verpflichtet, auf unfallsichere Arbeitsweisen sowie auf ein sicherheits- und gesundheitsbewusstes Verhalten hinzuwirken. Wesentliche Bausteine der Verhütung von Unfällen sind die erlassenen Unfallverhütungsvorschriften.

Tabelle 2: Begriffe aus dem Aufgabenbereich

Begriff	Erläuterung
Arbeitsunfall	• Ein Unfall, den eine versicherte Person im ursächlichen Zusammenhang mit einer versicherten Tätigkeit (Einsatz, Übung usw.) erleidet.
Wegeunfall	• Ein Unfall auf einem mit der Tätigkeit zusammenhängenden, unmittelbaren Weg nach und von der Stätte der versicherten Tätigkeit.
Berufskrankheit	• Eine Krankheit, die in der Berufskrankheitenverordnung aufgeführt ist und die sich die versicherte Person durch eine versicherte Tätigkeit zuzieht.
arbeitsbedingte Gesundheitsgefahren	• Die physischen (körperlichen) und psychischen (geistigen) Belastungen durch Feuerwehreinsätze oder den sonstigen Feuerwehrdienst.

Gesetzliche Unfallversicherung

4.2 Versicherte Personen und Tätigkeiten

Personen, die in der Feuerwehr ehrenamtlich tätig sind, sind gegen die Folgen eines Unfalls im Feuerwehrdienst versichert. Zum Kreis dieser Personen zählen die

- aktiv tätigen Angehörigen der Freiwilligen Feuerwehr,
- die Angehörigen der Jugendfeuerwehr,
- die Angehörigen der Alters- und Ehrenabteilungen,
- Personen, die im Einsatz zur Hilfeleistung herangezogen werden,
- Personen, deren Hilfe bei Einsätzen in Anspruch genommen wird,
- gegebenenfalls auch die Angehörigen der Musikzüge.

Für die Feuerwehrangehörigen ist die gesetzliche Unfallversicherung beitragsfrei, die Beiträge werden von den jeweiligen Gemeinden getragen.

Hinweis: Für die Angehörigen des Einsatzdienstes der Berufsfeuerwehren gelten entsprechende beamtenrechtliche Regeln. Die Angehörigen der Werk- und Betriebsfeuerwehren sind über die Fach-Berufsgenossenschaft des jeweiligen Unternehmens versichert.

Die Feuerwehrangehörigen sind bei allen Tätigkeiten versichert, die den Aufgaben und Zwecken der Feuerwehr dienen und die als Feuerwehrdienst angeordnet werden. Der Unfallversicherungsschutz erstreckt sich zunächst auf die in den Brandschutzgesetzen der Bundesländer genannten Aufgaben der Feuerwehr, die sich im Wesentlichen auf

- die Verhütung von Bränden und Brandgefahren,
- die Bekämpfung von Bränden,
- den Schutz von Personen und Sachwerten und
- die Hilfeleistung in Not- und Unglücksfällen

erstreckt.

Gesetzliche Unfallversicherung

Neben Brandbekämpfung, Rettungs- und Bergungsmaßnahmen, technischen Hilfeleistungen, Beseitigung von Notständen und den Maßnahmen im Bereich des Katastrophenschutzes umfasst der Unfallversicherungsschutz auch:

- Alarm- und Einsatzübungen,
- Übungsdienste,
- Ausbildungs- und Schulungsveranstaltungen,
- Lehr- und Informationsfahrten,
- Arbeits- und Werkstättendienste,
- Teilnahme an Sitzungen, Tagungen und Kundgebungen,
- Dienst- oder Betriebssport,
- Gemeinschaftsveranstaltungen der Feuerwehr,
- Kameradschaftsabende und Ausflüge und
- den Weg zu und von der versicherten Tätigkeit.

Tabelle 3: Begriffe aus dem Tätigkeitsbereich

Begriff	Erläuterung
Dienstsport	• Der während des Dienstes von der Leitung der Feuerwehr angesetzte Sport zur Förderung der körperlichen Leistungsfähigkeit der Feuerwehrangehörigen.
Betriebssport	• Der außerhalb des Dienstes stattfindende Sport der Feuerwehr, der überwiegend den Interessen der Feuerwehr dient und bei dem nicht der Wettkampfgedanke im Vordergrund steht.
Gemeinschaftsveranstaltungen	• Werbung von Mitgliedern, Darstellung der Feuerwehr in der Öffentlichkeit, Ehrungen von Feuerwehrangehörigen, Kameradschaftsabende, Feuerwehrfeste, Ausflüge o. Ä., die offiziellen Charakter tragen, den Belangen der Feuerwehr dienen und unter der Autorität der Leitung der Feuerwehr stehen.

Gesetzliche Unfallversicherung

Eine Betätigung in einem Feuerwehrverein ist nicht gesetzlich unfallversichert, es sei denn, sie dient im Wesentlichen den Zwecken der öffentlichen Einrichtung Feuerwehr.

Kein Versicherungsschutz besteht z. B. bei:

- Reparaturen an privaten Fahrzeugen oder Ausrüstungen, auch wenn sie in Einrichtungen der Feuerwehr durchgeführt werden,
- Essen und Trinken (z. B. Verschlucken, Verbrühen o. Ä.),
- privatem Zusammensein im Anschluss an eine dienstliche Veranstaltung,
- Unfälle unter Alkoholeinwirkung.

Eine genaue Abgrenzung der versicherten und nicht versicherten Tätigkeiten ist nicht immer möglich. Vielmehr muss jeweils auf die Umstände des Einzelfalls abgestellt werden.

4.3 Leistungen der gesetzlichen Unfallversicherung

Die Angehörigen der Feuerwehr haben nach Verletzungen durch einen Unfall Anspruch auf umfassende medizinische Behandlung und Versorgung und bei bleibenden Schädigungen durch Unfälle oder Berufskrankheiten Anspruch auf eine möglichst vollständige Wiederherstellung der Gesundheit und Leistungsfähigkeit oder eine finanzielle Absicherung.

Es besteht weiterhin Anspruch auf materielle Sicherstellung ihrer Angehörigen nach ihrem Tod durch ein Unfallereignis.

4.3.1 Heilbehandungen

Die Heilbehandlung hat das Ziel, den durch einen Unfall oder eine Berufskrankheit erlittenen Gesundheitsschaden zu beseitigen oder zu bessern, eine Verschlimmerung zu verhüten und die Auswirkungen der Unfall- bzw. Krankheitsfolgen zu mildern. Die Leistungen der Heilbehandlung, wie z. B.

- Erstversorgung,
- ärztliche und zahnärztliche Behandlungen,
- Versorgung mit Arznei-, Verband-, Heil- und Hilfsmitteln,
- häusliche Krankenpflege oder die
- Behandlungen in Rehabilitations-Einrichtungen

werden solange gewährt, bis das Ziel erreicht ist.

Hinweis: Die Leistungen werden sowohl ambulant als auch, falls erforderlich, in Krankenhäusern, Kur- und Spezialeinrichtungen erbracht.

4.3.2 Berufliche Rehabilitation

Wenn der Feuerwehrangehörige seine bisherige berufliche Tätigkeit wegen des Unfalls nicht mehr oder nur noch eingeschränkt ausüben kann, soll durch berufsfördernde Maßnahmen, seine Wiedereingliederung in das Arbeitsleben ermöglicht werden, z. B. durch:

- Leistungen zur Erhaltung oder Erlangung eines Arbeitsplatzes,
- Leistungen zur Förderung der Wiederaufnahme der Arbeit,
- Vorbereitung auf einen neuen Beruf, Ausbildung oder Umschulung,
- Fortbildung, einschließlich des dazu erforderlichen Abschlusses,
- Übernahme von Lehrgangskosten, Prüfungsgebühren, Lernmittel o. Ä.,

jeweils unter Berücksichtigung seiner Eignung, Neigung und bisherigen Tätigkeit. Darüber hinaus werden in bestimmten Fällen auch sonstige, ergänzende Leistungen gewährt, wie z. B. für:

- behinderungsbedingte Zusatzausstattungen bei Kraftfahrzeugen,
- behindertengerechter Umbau von Wohnungen,
- Haushaltshilfen,
- ärztlich verordneten Rehabilitationssport.

Gesetzliche Unfallversicherung

4.3.3 Entschädigung durch Geldleistungen

Nicht bei jedem Unfall lässt sich durch Maßnahmen der Rehabilitation der frühere Gesundheitszustand wiederherstellen. Hier kommen dann verschiedene Geldleistungen, wie z.B. Verletztengeld bei Arbeitsunfähigkeit oder Übergangsgeld während der Berufshilfe, zum Tragen.

> **Hinweis:** Angehörige der Freiwilligen Feuerwehr haben gemäß § 94 SGB VII einen Rechtsanspruch auf **Mehrleistungen,** die zusätzlich zu den Regelleistungen gewährt werden.

Für die Dauer der Arbeitsunfähigkeit erhalten verletzte Feuerwehrangehörige ein **Verletztengeld,** soweit sie in diesem Zeitraum kein Arbeitsentgelt erhalten. Es wird in der Regel im Auftrag der Unfallversicherungsträger über die jeweilige Krankenkasse ausgezahlt.

Während der beruflichen Rehabilitations-Maßnahmen wird ein **Übergangsgeld** gewährt, wenn der verletzte Feuerwehrangehörige arbeitsunfähig ist oder wegen der Teilnahme an der Maßnahme keine ganztägige Arbeitstätigkeit ausüben kann.

Eine **Verletztenrente** wird gewährt, wenn der verletzte Feuerwehrangehörige in Folge des Unfalls über einen Zeitraum > 26 Wochen hinaus in seiner Erwerbsfähigkeit gemindert ist und die Minderung mindestens 20 % beträgt. Die Rente beträgt bei einer Minderung der Erwerbsfähigkeit von 100 % zwei Drittel des Jahresarbeitsverdienstes (= Vollrente) und bei einer Minderung von weniger als 100 % den entsprechenden Teil der Vollrente (= Teilrente).

Ist ein Feuerwehrangehöriger infolge eines Unfalls im Feuerwehrdienst gestorben, so erhalten seine Angehörigen ein sogenanntes **Sterbegeld** als einmalige Geldleistung gezahlt. Darüber hinaus haben die Hinterbliebenen Anspruch auf eine **Rente,** deren Höhe sich nach dem Verwandtschaftsgrad und dem letzten Jahreseinkommen des Verstorbenen richtet.

Gesetzliche Unfallversicherung

4.4 Maßnahmen nach Eintritt eines Unfalls

Die Gewährung der Leistungen der gesetzlichen Unfallversicherung muss nicht von dem betroffenen Feuerwehrangehörigen beantragt werden.

Vielmehr ist der erstbehandelnde Arzt bzw. das Krankenhaus darauf hinzuweisen, dass es sich um einen Arbeitsunfall bei der Feuerwehr handelt und die Feuerwehr-Unfallkasse (oder eine andere zuständige Einrichtung) der Unfallversicherungsträger ist.

Darüber hinaus hat die Gemeinde als Träger des Feuerschutzes alle Unfälle anzuzeigen, die tödlich verlaufen sind oder zu einer Arbeitsunfähigkeit von mehr als drei Tagen geführt haben. Der Unfall ist dann innerhalb von drei Tagen mit einer entsprechenden gesetzlich vorgeschriebenen (gelben) Unfallanzeige dem zuständigen Unfallversicherungsträger anzuzeigen.

Darüber hinaus muss aber auch der Arbeitgeber und die Krankenversicherung des verunfallten bzw. erkrankten Feuerwehrangehörigen informiert werden.

Hinweis: Leichtere Unfälle, die keine ärztliche Behandlung erfordern, brauchen nicht mit der vorgeschriebenen Unfallanzeige angezeigt werden. Es ist aber zu empfehlen, auch diese Unfälle zu dokumentieren (z.B. in einem Verbandbuch oder in der Personalkartei) und sie gegebenenfalls auch bei der Gemeinde formlos anzuzeigen.

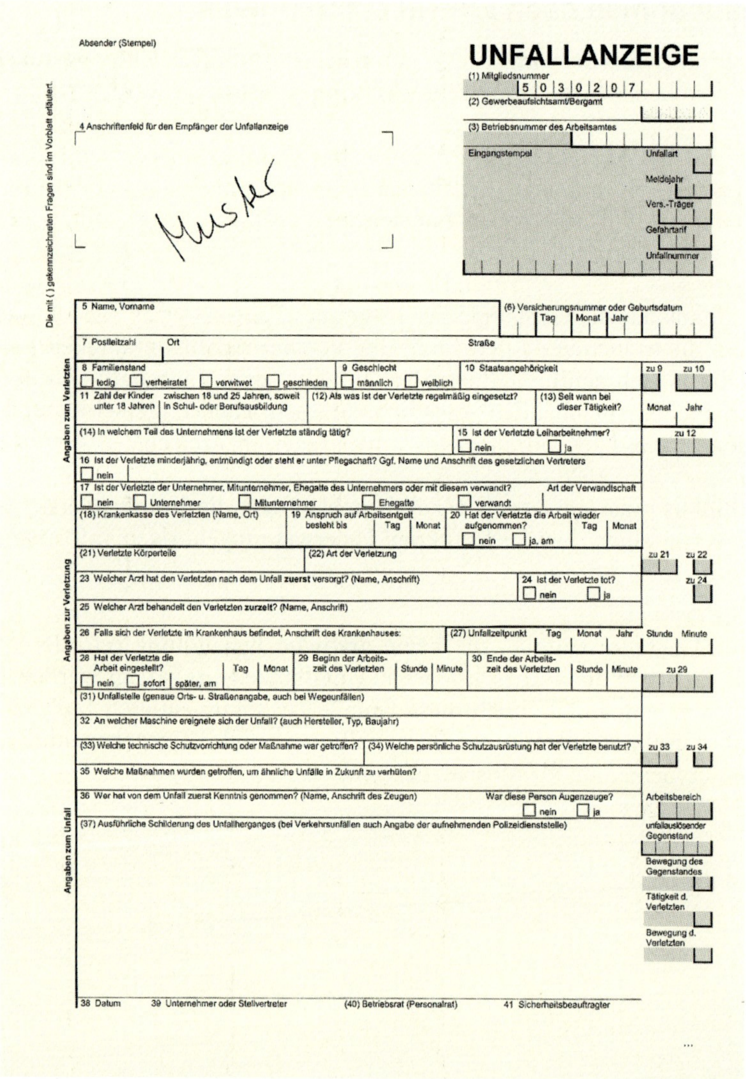

Absender (Stempel)

Die mit ( ) gekennzeichneten Fragen sind im Vorblatt erläutert.

UNFALLANZEIGE

(1) Mitgliedsnummer 5 0 3 0 2 0 7

(2) Gewerbeaufsichtsamt/Bergamt

(3) Betriebsnummer des Arbeitsamtes

4 Anschriftenfeld für den Empfänger der Unfallanzeige

Muster

Eingangsstempel

Unfallart

Meldejahr

Vers.-Träger

Gefahrtarif

Unfallnummer

Angaben zum Verletzten

5 Name, Vorname

(6) Versicherungsnummer oder Geburtsdatum — Tag | Monat | Jahr

7 Postleitzahl — Ort — Straße

8 Familienstand ☐ ledig ☐ verheiratet ☐ verwitwet ☐ geschieden

9 Geschlecht ☐ männlich ☐ weiblich

10 Staatsangehörigkeit

zu 9 — zu 10

11 Zahl der Kinder unter 18 Jahren — zwischen 18 und 25 Jahren, soweit in Schul- oder Berufsausbildung

(12) Als was ist der Verletzte regelmäßig eingesetzt?

(13) Seit wann bei dieser Tätigkeit? — Monat — Jahr

(14) In welchem Teil des Unternehmens ist der Verletzte ständig tätig?

15 Ist der Verletzte Leiharbeitnehmer? ☐ nein ☐ ja

zu 12

16 Ist der Verletzte minderjährig, entmündigt oder steht er unter Pflegschaft? Ggf. Name und Anschrift des gesetzlichen Vertreters ☐ nein

17 Ist der Verletzte der Unternehmer, Mitunternehmer, Ehegatte des Unternehmers oder mit diesem verwandt? — Art der Verwandtschaft ☐ nein ☐ Unternehmer ☐ Mitunternehmer ☐ Ehegatte ☐ verwandt

(18) Krankenkasse des Verletzten (Name, Ort)

19 Anspruch auf Arbeitsentgelt besteht bis — Tag | Monat

20 Hat der Verletzte die Arbeit wieder aufgenommen? ☐ nein ☐ ja, am — Tag | Monat

Angaben zur Verletzung

(21) Verletzte Körperteile

(22) Art der Verletzung

zu 21 — zu 22

23 Welcher Arzt hat den Verletzten nach dem Unfall **zuerst** versorgt? (Name, Anschrift)

24 Ist der Verletzte tot? ☐ nein ☐ ja

zu 24

25 Welcher Arzt behandelt den Verletzten **zurzeit**? (Name, Anschrift)

26 Falls sich der Verletzte im Krankenhaus befindet, Anschrift des Krankenhauses:

(27) Unfallzeitpunkt — Tag | Monat | Jahr | Stunde | Minute

28 Hat der Verletzte die Arbeit eingestellt? ☐ nein ☐ sofort — später, am — Tag | Monat

29 Beginn der Arbeitszeit des Verletzten — Stunde | Minute

30 Ende der Arbeitszeit des Verletzten — Stunde | Minute

zu 29

Angaben zum Unfall

(31) Unfallstelle (genaue Orts- u. Straßenangabe, auch bei Wegeunfällen)

32 An welcher Maschine ereignete sich der Unfall? (auch Hersteller, Typ, Baujahr)

(33) Welche technische Schutzvorrichtung oder Maßnahme war getroffen?

(34) Welche persönliche Schutzausrüstung hat der Verletzte benutzt?

zu 33 — zu 34

35 Welche Maßnahmen wurden getroffen, um ähnliche Unfälle in Zukunft zu verhüten?

36 Wer hat von dem Unfall zuerst Kenntnis genommen? (Name, Anschrift des Zeugen) — War diese Person Augenzeuge? ☐ nein ☐ ja

Arbeitsbereich

(37) Ausführliche Schilderung des Unfallherganges (bei Verkehrsunfällen auch Angabe der aufnehmenden Polizeidienststelle)

unfallauslösender Gegenstand

Bewegung des Gegenstandes

Tätigkeit d. Verletzten

Bewegung d. Verletzten

38 Datum — 39 Unternehmer oder Stellvertreter — (40) Betriebsrat (Personalrat) — 41 Sicherheitsbeauftragter

...

Abbildung 2: Formular für die Unfallanzeige

4.5 Selbstkontrolle und Testfragen

(Lösungen siehe Seite 80)

1. Welche Personengruppen sind durch die gesetzliche Unfallversicherung versichert?
   a) Aktiv im Feuerwehrdienst tätige Angehörige der Freiwilligen Feuerwehr.
   b) Aktiv im Feuerwehrdienst tätige Angehörige der Berufsfeuerwehr.
   c) Angehörige der Jugendfeuerwehren.
   d) Angehörige der Alters- und Ehrenabteilungen.

2. Welche Tätigkeiten sind versichert?
   a) Brandbekämpfungs-, Rettungs- und Bergungsmaßnahmen.
   b) Alarm- und Einsatzübungen.
   c) Dienst- und Betriebssport.
   d) Einsatztätigkeiten unter Alkoholeinfluss.

3. Welche Leistungen gewähren die gesetzlichen Unfallversicherungen?
   a) Heilbehandlungen.
   b) Berufliche Rehabilitation.
   c) Vermögenswirksame Leistungen.
   d) Entschädigungen durch Geldleistungen.

4. Welche Maßnahmen sind nach dem Eintritt eines Unfalls erforderlich?
   a) Beantragen von Leistungen der gesetzlichen Unfallversicherer.
   b) Anzeigen aller Dienstunfälle.
   c) Anzeigen von Unfällen, die zu einer Arbeitsunfähigkeit von mehr als drei Tagen geführt haben.

5 Unfallverhütungsvorschriften

Die Unfallverhütungsvorschriften werden von den Trägern der gesetzlichen Unfallversicherung erlassen und vom Bundesminister für Arbeit und Sozialordnung genehmigt. Unfallverhütungsvorschriften sind somit eigenständige Rechtsnormen, die nach ihrem Inkrafttreten rechtsverbindlich sind.

> **Merke:** Unfallverhütungsvorschriften sind keine Empfehlungen – sie haben vielmehr Gesetzeskraft! Die Gemeinden, Führungskräfte und Feuerwehrangehörigen sind verpflichtet, die jeweiligen Vorschriften genau zu befolgen. Es ist ihnen also nicht freigestellt, ob sie die Unfallverhütungsvorschriften einhalten sollen oder nicht.

Die Unfallverhütungsvorschriften beruhen auf Erfahrungen über Gefahren und Belastungen im Feuerwehrdienst und berücksichtigen das Wissen über tatsächlich eingetretene Unfälle. Sie legen Maßnahmen fest, die ein sicheres Tätigwerden ermöglichen.

Die einzelnen Paragraphen der Unfallverhütungsvorschriften geben zunächst nur das angestrebte Schutzziel vor, wie z. B.:

- „Strahlrohre, Schläuche und Verteiler sind so zu benutzen, dass Feuerwehrangehörige beim Umgang mit diesen Geräten sowie durch den Wasserstrahl nicht gefährdet werden."

In den zu den jeweiligen Paragraphen gehörenden Durchführungsanweisungen wird dann beispielhaft dargelegt, mit welchen Maßnahmen das Schutzziel erreicht werden kann. Dazu heißt es z. B.:

- „Diese Forderung ist z. B. erfüllt, wenn Schläuche beim Ausrollen unmittelbar an den Kupplungen festgehalten werden, schlagartiges Öffnen oder Schließen von Verteiler und Strahlrohr vermieden wird, nur …"

5.1 Unfallverhütungsvorschrift „Feuerwehren"

Die Unfallverhütungsvorschrift „Feuerwehren" (GUV 7.13) in der Fassung vom Januar 1997, mit Durchführungsanweisungen vom Oktober 1991, gilt nicht nur für den Einsatz, sondern auch für die Ausbildung sowie ganz allgemein für alle Feuerwehreinrichtungen und -geräte. Durch die Beachtung dieser Unfallverhütungsvorschrift kann die Gefahr von Verletzungen und Gesundheitsschädigungen reduziert oder auch ausgeschlossen werden.

> **Merke:** Gemäß § 17 Abs. 1 kann im Einzelfall bei Einsätzen zur Rettung von Menschenleben von den Bestimmungen der Unfallverhütungsvorschriften abgewichen werden!

Diese Ausnahmeregelung kann aber **nur für den jeweiligen Einzelfall** gelten. Die Abweichung von den Unfallverhütungsvorschriften erfordert, dass andere Möglichkeiten zur Rettung **nicht gegeben** sind. Die Regelung stellt keinen Freibrief für den Einsatz dar.

Gerade bei einem Einsatz zur Menschenrettung sind durchdachte und möglichst sichere Maßnahmen nicht nur für die Einsatzkräfte, sondern auch für die zu rettenden Personen von größeren Nutzen, als unüberlegtes und waghalsiges „Draufgängertum".

In der Unfallverhütungsvorschrift wird darauf hingewiesen, dass für den Feuerwehrdienst nur körperlich und fachlich geeignete Feuerwehrangehörige eingesetzt werden dürfen. Die fachliche Eignung kann durch eine umfassende Aus- und Fortbildung erworben werden. Die körperliche Eignung muss gegebenenfalls durch einen mit den Aufgaben der Feuerwehr vertrauten Arzt untersucht und nachgewiesen werden.

Die Unfallverhütungsvorschrift betont weiterhin die Verantwortung der Leitung der Feuerwehr und des Einsatzleiters und verpflichtet diese z.B. auf das Tragen geeigneter Ausrüstung, das richtige Verhalten an der Einsatzstelle und auf die Instandhaltung und Prüfung der Geräte zu achten.

Unfallverhütungsvorschriften

Den Einsatzkräften muss zum Schutz vor den Gefahren bei Ausbildung, Übung und Einsatz eine persönliche Schutzausrüstung zur Verfügung stehen. Diese besteht gemäß Unfallverhütungsvorschrift „Feuerwehren" **mindestens** aus Feuerwehrschutzanzug, Feuerwehrhelm mit Nackenschutz, Feuerwehrschutzhandschuhen und Feuerwehrschutzschuhwerk.

Hinweis: Diese Schutzausrüstung wird den Feuerwehrangehörigen durch die Gemeinde kostenfrei zur Verfügung gestellt. Eine Kostenbeteiligung durch die Feuerwehrangehörigen ist **nicht** vorgesehen!

Zusätzliche Schutzausrüstungen müssen bei besonderen Gefahren eingesetzt werden. Sie müssen in Art und Anzahl auf diese Gefahren abgestimmt sein und vom jeweiligen Einsatzleiter bestimmt werden.

Abbildung 3: Feuerwehrangehörige mit Schutzausrüstungen

5.2 Sonstige Unfallverhütungsvorschriften

Basis aller Unfallverhütungsmaßnahmen ist für die Feuerwehrangehörigen die Unfallverhütungsvorschrift „Feuerwehren" GUV 7.13.

Für die Feuerwehren gilt aber nicht nur diese Unfallverhütungsvorschrift, sondern auch andere, für die einzelnen Tätigkeiten zutreffende Vorschriften und Regeln, die im Anhang der Unfallverhütungsvorschrift „Feuerwehren" aufgeführt sind, wie z.B. die Unfallverhütungsvorschriften:

- Allgemeine Vorschriften (GUV 0.1)
- Erste Hilfe (GUV 0.3)
- Arbeitsmedizinische Vorsorge (GUV 0.6)
- Elektrische Anlagen und Betriebsmittel (GUV 2.10)
- Kraftbetriebene Arbeitsmittel (GUV 3.0)
- Winden, Hub- und Zuggeräte (GUV 4.2)
- Fahrzeuge (GUV 5.1)
- Leitern und Tritte (GUV 6.4)

oder z.B. die Richtlinien, Sicherheitsregeln, Merkblätter oder Grundsätze:

- Richtlinie für die Verhütung von Ertrinkungsunfällen (ZH 1/426)
- Sicherheitsregeln für die Fahrzeug-Instandhaltung (GUV 17.1)
- Regeln für den Einsatz von Augen- und Gesichtsschutz (GUV 20.13)
- Regeln für den Einsatz von Schutzhandschuhen (GUV 20.17)
- Merkblatt: Warnkleidung (GUV 25.1)
- Grundsätze für die Prüfung der Ausrüstung und Geräte der Feuerwehr (Geräteprüfordnung) (GUV 67.13)

Hinweis: Da diese Vorschriften und Regeln in der für die Feuerwehr wesentlichen Unfallverhütungsvorschrift „Feuerwehren" (GUV 7.13) aufgeführt sind, müssen sie von den Feuerwehrangehörigen ebenfalls beachtet werden!

5.3 Unterweisungen

Aufgrund der vielfältigen Gefahren, die bei den Tätigkeiten der Feuerwehren auftreten können, muss die Unfallverhütung immer ein wesentlicher Bestandteil der Standortausbildung der Feuerwehr sein.

Gemäß § 7 Abs. 2 der Unfallverhütungsvorschrift „Allgemeine Vorschriften" GUV 0.1 sind alle Feuerwehrangehörigen mindestens einmal im Jahr über die Gefahren im Feuerwehrdienst sowie über die Maßnahmen zur Verhütung von Unfällen zu unterweisen.

Darüber hinaus sind vor jeder Aus- und Fortbildung auch die einschlägigen Vorschriften und Regeln der Unfallverhütungsvorschriften, die im Zusammenhang mit den behandelten Themen bzw. den verwendeten Einrichtungen, Fahrzeugen, Ausrüstungen und Geräten stehen, zu erläutern und durchzusetzen. Insbesondere sind mögliche Unfallursachen und Maßnahmen zur Verhütung zu erörtern.

Für die Bedienung von Ausrüstungen oder Geräten gibt es von den Herstellern jeweils Bedienungsanleitungen, die zu berücksichtigen sind. In diesen Bedienungsanleitungen wird auch auf die möglichen Gefahren und die einzuhaltenden Bestimmungen der Unfallverhütung eingegangen.

> **Merke:** Feuerwehrangehörige, die mit Fahrzeugen, Ausrüstungen oder Geräten nicht gründlich vertraut sind, dürfen damit nicht eingesetzt werden!

5.4 Wortlaut der UVV „Feuerwehren"

In diesem Kapitel werden nicht alle Paragraphen und Durchführungsanweisungen *(kursiv)* der Unfallverhütungsvorschrift „Feuerwehren" wörtlich aufgeführt, sondern nur die, die für das Verhalten der Feuerwehrangehörigen im Dienstbetrieb und bei Einsätzen von besonderer Bedeutung sind. Zur besseren Übersicht wird aber das vollständige Inhaltsverzeichnis abgedruckt.

5.4.1 Inhaltsverzeichnis

I. Geltungsbereich
§ 1 Geltungsbereich
II. Begriffsbestimmungen
§ 2 Begriffsbestimmungen
III. Bau und Ausrüstung
§ 3 Allgemeines
§ 4 Bauliche Anlagen
§ 5 Feuerwehrfahrzeuge und -anhänger
§ 6 Leitern, Hubrettungsfahrzeuge
§ 7 Kraftbetriebene Aggregate
§ 8 Sprungrettungsgeräte
§ 9 Luftheber
§ 10 Hydraulisch betätigte Rettungsgeräte
§ 11 Kleinboote für die Feuerwehr
§ 12 Persönliche Schutzausrüstungen
IV. Betrieb
§ 13 Allgemeines
A. Gemeinsame Bestimmungen
§ 14 Persönliche Anforderungen
§ 15 Unterweisung
§ 16 Instandhaltung
B. Besondere Bestimmungen

§ 17 Verhalten im Feuerwehrdienst
§ 18 Feuerwehranwärter und Jugendfeuerw.
§ 19 Wasserförderung
§ 20 Betrieb von Verbrennungsmotoren
§ 21 Sprungrettung
§ 22 Abseilübungen
§ 23 Luftheber
§ 24 Hydraulisch betätigte Rettungsgeräte
§ 25 Dienst an und auf Gewässern
§ 26 Tauchereinsatz
§ 27 Einsatz von Atemschutzgeräten
§ 28 Einsturz- und Absturzgefahren
§ 29 Gefährdung durch elektrischen Strom
V. Prüfungen
§ 30 Sichtprüfungen
§ 31 Regelmäßige Prüfungen
VI. Ordnungswidrigkeiten
§ 32 Ordnungswidrigkeiten
VII. Übergangsregelungen
§ 33 Übergangsregelungen
VIII. Inkrafttreten
§ 34 Inkrafttreten

5.4.2 Wortlaut

§ 2 Begriffsbestimmungen

Im Sinne dieser Unfallverhütungsvorschrift sind:

- Feuerwehren: Einheiten, die nach landesrechtlichen Bestimmungen als Feuerwehren aufgestellt sind;
- Feuerwehreinrichtungen: alle für den Feuerwehrdienst eingesetzten sächlichen Mittel, insbesondere bauliche Anlagen, Fahrzeuge, Geräte und Ausrüstungen, ausgenommen Hilfs- und Betriebsstoffe;

Unfallverhütungsvorschriften

- Feuerwehrangehörige: Personen, die aktiv im Feuerwehrdienst tätig sind (Feuerwehrdienstleistende, Feuerwehranwärter und Angehörige der Jugendfeuerwehr);
- Feuerwehrdienst: dienstliche Tätigkeiten der Feuerwehrangehörigen, insbesondere bei Ausbildung, Übung und Einsatz;
- Einsatzort: die Stelle, an der die Feuerwehr dienstlich tätig wird;
- Unternehmer: der Träger der Feuerwehr nach landesrechtlichen Vorschriften.

§ 12 Persönliche Schutzausrüstungen

(1) Zum Schutz vor den Gefahren des Feuerwehrdienstes bei Ausbildung, Übung und Einsatz müssen folgende persönliche Schutzausrüstungen zur Verfügung gestellt werden:

- **Feuerwehrschutzanzug**
- **Feuerwehrhelm mit Nackenschutz**
- **Feuerwehrschutzhandschuhe**
- **Feuerwehrschutzschuhwerk**

Diese Forderung ist z.B. erfüllt, wenn Feuerwehrschutzanzüge ...

(2) Bei besonderen Gefahren müssen spezielle persönliche Schutzausrüstungen vorhanden sein, die in Art und Anzahl auf diese Gefahren abgestimmt sind.

Spezielle persönliche Schutzausrüstungen sind insbesondere:

- *Feuerwehr-Sicherheitsgurte ...,*
- *Sonderschutzkleidung wie z.B. Chemikalienschutzanzug, Wärmeschutzkleidung, Kontaminationsschutzkleidung,*
- *Atemschutzgerät ...,*
- *Augen- und Gesichtsschutz ...,*
- *Fangleinen mit Tragebeutel ...,*

Unfallverhütungsvorschriften

- *Warnwesten ...,*
- *Auftriebsmittel wie Rettungskragen und Schwimmwesten ...,*
- *Gehörschutzmittel ... .*

§ 14 Persönliche Anforderungen

Für den Feuerwehrdienst dürfen nur körperlich und fachlich geeignete Feuerwehrangehörige eingesetzt werden.

Maßgebend für die Forderung sind die landesrechtlichen Bestimmungen. Entscheidend für die körperliche und fachliche Eignung sind Gesundheitszustand, Alter und Leistungsfähigkeit. Bei Zweifeln am Gesundheitszustand soll ein mit den Aufgaben der Feuerwehr vertrauter Arzt den Feuerwehrangehörigen untersuchen.

Die fachlichen Voraussetzungen erfüllt, wer für die jeweiligen Aufgaben ausgebildet ist und seine Kenntnisse durch regelmäßige Übungen und erforderlichenfalls durch zusätzliche Aus- und Fortbildung erweitert. Zur fachlichen Voraussetzung gehört auch die Kenntnis der Unfallverhütungsvorschriften und der Gefahren des Feuerwehrdienstes.

Besondere Anforderungen an die körperliche und fachliche Eignung werden insbesondere an Feuerwehrangehörige gestellt, die als Atemschutzgeräteträger ... Dienst tun. Die besondere körperliche Eignung dieser Personen ist gegeben, wenn ihre Eignung als Atemschutzgeräteträger nach den berufsgenossenschaftlichen Grundsätzen für arbeitsmedizinische Vorsorgeuntersuchungen „Atemschutzgeräte" (G 26) ... überwacht wird. ...

§ 17 Verhalten im Feuerwehrdienst

(1) Im Feuerwehrdienst dürfen nur Maßnahmen getroffen werden, die ein sicheres Tätigwerden der Feuerwehrangehörigen ermöglichen. Im Einzelfall kann bei Einsätzen zur Rettung von Menschenleben von den Bestimmungen der Unfallverhütungsvorschriften abgewichen werden.

Unfallverhütungsvorschriften

Diese Forderung ist z. B. erfüllt wenn

- *das Tragen der persönlichen Schutzausrüstung überwacht wird. Die Pflicht zum Tragen persönlicher Schutzausrüstungen ergibt sich aus § 14 UVV „Allgemeine Vorschriften" (GUV 0.1),*
- *die Anforderungen bei Ausbildung, Übung und Einsatz den körperlichen und fachlichen Fähigkeiten der Feuerwehrangehörigen angemessen sind,*
- *Anordnungen und Maßnahmen am Einsatzort den feuerwehrtaktischen Belangen entsprechen, unter Beachtung der Bestimmungen dieser Unfallverhütungsvorschrift,*
- *bei Einsätzen mit Gefährdungen durch gefährliche Stoffe die Verordnung über gefährliche Stoffe und die besonderen landesrechtlichen Bestimmungen zu gefährlichen Stoffen und Gütern beachtet werden,*
- *bei Einsätzen mit Gefährdungen durch radioaktive Stoffe und beim Umgang mit radioaktiven Stoffen zu Ausbildungs- und Übungszwecken die Strahlenschutzverordnung und die besonderen landesrechtlichen Bestimmungen zum Strahlenschutz der Feuerwehren beachtet werden,*
- *von sportlichen Übungen, die mit erhöhten Verletzungsgefahren für die Feuerwehrangehörigen verbunden sind, abgesehen wird.*

(2) Die speziellen persönlichen Schutzausrüstungen sind je nach der Einsatzsituation zu bestimmen.

Wegen der speziellen persönlichen Schutzausrüstung vgl. § 12 Abs. 2.

(3) Feuerwehrangehörige, die am Einsatzort durch den Straßenverkehr gefährdet sind, müssen hiergegen durch Warn- oder Absperrmaßnahmen geschützt werden.

Geeignete Warnmaßnahmen sind z. B. Tragen geeigneter Warnkleidung, Kennzeichnung durch Schilder und Signalgeräte. Bei Gefährdung durch den Straßenverkehr sind zur Sicherung der Feuerwehrangehörigen vorrangig Absperrmaßnahmen durchzuführen. Weitere Maßnahmen der Verkehrslenkung fallen in den Aufgabenbereich der Polizei.

(4) Tragbare Feuerwehrgeräte müssen von so vielen Feuerwehrangehörigen getragen werden, dass diese Feuerwehrangehörigen nicht gefährdet werden.

Grundsätzlich sind im Rahmen der feuerwehrtaktischen Belange Feuerwehrfahrzeuge so am Einsatzort aufzustellen, dass lange Transportwege von tragbaren Feuerwehreinrichtungen vermieden werden. Schwere Feuerwehreinrichtungen, wie z.B. Tragkraftspritzen, Stromerzeuger, müssen von mindestens so vielen Personen getragen werden, wie Handgriffe vorhanden sind.

§ 18 Feuerwehranwärter und Angehörige der Jugendfeuerwehren

(1) Beim Feuerwehrdienst von Feuerwehranwärtern und Angehörigen der Jugendfeuerwehren ist deren Leistungsfähigkeit und Ausbildungsstand zu berücksichtigen.

Hinsichtlich Leistungsfähigkeit (z.B. Altersgrenzen) und Ausbildungsstand (z.B. Grundausbildung) wird auf landesrechtliche Vorschriften verwiesen.

(2) Feuerwehranwärter dürfen nur gemeinsam mit einem erfahrenen Feuerwehrangehörigen eingesetzt werden.

(3) Angehörige der Jugendfeuerwehr dürfen nur nach landesrechtlichen Vorschriften und außerhalb des Gefahrenbereichs eingesetzt werden.

§ 19 Wasserförderung

Strahlrohre, Schläuche und Verteiler sind so zu benutzen, dass Feuerwehrangehörige beim Umgang mit diesen Geräten sowie durch den Wasserstrahl nicht gefährdet werden.

Diese Forderung ist z.B. erfüllt wenn

- *Schläuche beim Ausrollen unmittelbar an den Kupplungen festgehalten werden,*

Unfallverhütungsvorschriften

- *schlagartiges Öffnen oder Schließen von Verteiler und Strahlrohr vermieden wird,*
- *nur absperrbare Strahlrohre verwendet werden, ein schlagendes Strahlrohr nicht aufgehoben wird,*
- *ein B-Strahlrohr von mindestens drei Personen gehalten wird bzw. bei Verwendung eines Stützkrümmers von mindestens zwei Personen,*
- *ein Schlauch nicht am Körper befestigt wird,*
- *beim Besteigen einer Leiter der Schlauch über der Schulter getragen und das Strahlrohr nicht zwischen den Sicherheitsgurt und den Körper gesteckt wird.*

§ 20 Betrieb von Verbrennungsmotoren

(1) Verbrennungsmotoren sind so zu betreiben, dass Feuerwehrangehörige durch Abgase nicht gefährdet werden.

Diese Forderung ist z. B. erfüllt, wenn Verbrennungsmotoren bei Dauerbetrieb im Freien unter Verwendung von Abgasschläuchen eingesetzt werden. ...

(2) Werden Verbrennungsmotoren von Hand angeworfen, ist durch geeignete Maßnahmen sicherzustellen, dass Feuerwehrangehörige durch Kurbelrückschlag nicht gefährdet werden.

Diese Forderung ist z. B. erfüllt, wenn die Zündanlage richtig eingestellt ist und die Kurbel so gefasst wird, dass sie bei einem möglichen Rückschlag aus der Hand gleiten kann.

§ 21 Sprungrettung

Bei Übungen sind die Sprungrettungsgeräte so zu handhaben und die Fallkörper und -höhen so zu wählen, dass die Haltemannschaft nicht gefährdet wird. Zu Übungszwecken darf nicht gesprungen werden.

Verletzungsgefahren werden vermieden, wenn das Sprungtuch von mindestens 16 Personen gehalten wird und das Gewicht des Fallkörpers auf 50 kg und die Fallhöhe auf 6 m begrenzt werden. Zu Übungen zählen auch Vorführungen.

§ 22 Abseilübungen

Rettungs- und Selbstrettungsübungen sind so durchzuführen, dass die Übenden nicht gefährdet werden.

Verletzungen werden z. B. vermieden, wenn Abseilübungen bis zur Höhe von 8 m durchgeführt werden und eine Sicherheitsleine angelegt wird, und wenn vor Abseilübungen aus den zulässigen Höhen Gewöhnungsübungen aus geringeren Höhen, beginnend bei Geschoßhöhe, durchgeführt werden. ...

§ 23 Luftheber

(1) Die Stellteile der Befehlseinrichtungen von Lufthebern sind so aufzustellen, dass die Feuerwehrangehörigen weder durch Tragmittel noch durch Lasten gefährdet werden.

(2) Luftheber sind so aufzustellen und zu benutzen, dass spitze oder scharfe Gegenstände sowie thermische Einwirkungen tragende Teile des Gerätes nicht beschädigen.

§ 24 Hydraulisch betätigte Rettungsgeräte

§ 24 (1) Bei der Verwendung hydraulisch betätigter Rettungsgeräte ist durch geeignete Maßnahmen darauf zu achten, dass Feuerwehrangehörige durch freigesetzte oder auf andere Gegenstände übertragene Energien nicht verletzt werden.

Unfallverhütungsvorschriften

Diese Forderung ist erfüllt, wenn

- *mit dem Rettungsgerät so gearbeitet wird, dass Verletzungen durch das Wegschnellen unter Materialspannung stehender Teile vermieden werden,*
- *bei Übungen keine Schneidversuche an zu starken Materialien (vgl. Einsatzgrenzen lt. Betriebsanleitung) durchgeführt werden,*
- *Schneidgeräte am zu schneidenden Teil möglichst rechtwinklig angesetzt werden,*
- *nicht eingesetzte Feuerwehrangehörige sich während des Arbeitsvorganges in sicherer Entfernung aufhalten.*

(2) Bei Arbeiten mit hydraulisch betätigten Rettungsgeräten müssen Feuerwehrangehörige Gesichtsschutz tragen.

§ 25 Dienst an und auf Gewässern

Besteht die Gefahr, dass Feuerwehrangehörige ertrinken können, müssen Auftriebsmittel getragen werden. Ist dies aus betriebstechnischen Gründen nicht möglich, ist auf andere Weise eine Sicherung herzustellen.

Betriebstechnische Gründe liegen z. B. vor, wenn Auftriebsmittel wegen anderer zusätzlicher Kleidung nicht getragen werden können. Eine Sicherung ist z. B. durch Anseilen der Feuerwehrangehörigen gegeben. ...

§ 27 Einsatz mit Atemschutzgeräten

(1) Können Feuerwehrangehörige durch Sauerstoffmangel oder durch Einatmen gesundheitsschädigender Stoffe gefährdet werden, müssen je nach der möglichen Gefährdung geeignete Atemschutzgeräte getragen werden.

(2) Beim Einsatz mit von der Umgebungsatmosphäre unabhängigen Atemschutzgeräten ist dafür zu sorgen, dass eine Verbindung zwischen Atemschutzgeräteträger und Feuerwehrangehörigen, die sich in nicht gefährdetem Bereich aufhalten, sichergestellt ist.

Diese Forderungen sind erfüllt, wenn z.B. die Bestimmungen der FwDV 7 „Atemschutz" eingehalten werden.

(3) Je nach der Situation am Einsatzort muss ein Rettungstrupp mit von der Umgebungsatmosphäre unabhängigen Atemschutzgeräten zum sofortigen Einsatz bereitstehen.

Situationen, in denen kein Rettungstrupp bereitzustellen ist, sind in der FwDV 7 „Atemschutz" beschrieben.

§ 28 Einsturz- und Absturzgefahren

(1) Bei Objekten, deren Standsicherheit zweifelhaft ist, müssen Sicherungsmaßnahmen gegen Einsturz getroffen werden, soweit dies zum Schutz der Feuerwehrangehörigen erforderlich ist.

Geeignete Sicherungsmaßnahmen gegen Einsturz sind z.B. Abstützen oder Verbauen. Nicht gesicherte Objekte sind kenntlich zu machen oder abzusperren. Bei Stemm-, Abbruch- und Aufräumarbeiten sind Gefährdungen durch herabfallende Gegenstände zu vermeiden.

(2) Decken und Dächer, die für ein Begehen aus konstruktiven Gründen oder durch Brand und sonstige Einwirkungen nicht ausreichend tragfähig sind sowie sonstige Stellen mit Absturzgefahr dürfen nur betreten werden, wenn Sicherungsmaßnahmen gegen Durchbruch und Absturz getroffen werden.

Geeignete Sicherungsmaßnahmen gegen Absturz sind z.B. Anseilen, Benutzen von Hilfsmitteln wie tragfähige Bohlen, Leitern.

§ 29 Gefährdung durch elektrischen Strom

(1) Es dürfen nur solche ortsveränderlichen elektrischen Betriebsmittel eingesetzt werden, die entsprechend den zu erwartenden Einsatzbedingungen ausgelegt sind.

Unfallverhütungsvorschriften

Diese Forderung ist erfüllt, wenn die ortsveränderlichen elektrischen Betriebsmittel bei Einsätzen DIN VDE 0100 „Bestimmungen über das Errichten von Starkstromanlagen mit Nennspannungen bis 1000 V" entsprechen. ...

(2) Bei Einsätzen in elektrischen Anlagen und in deren Nähe sind Maßnahmen zu treffen, die verhindern, dass Feuerwehrangehörige durch elektrischen Strom gefährdet werden.

Diese Forderung schließt ein, dass

- *geeignete Werkzeuge und Hilfsmittel benutzt werden, z.B. isolierte Werkzeuge, Erdungsstangen, Kurzschließeinrichtungen, isolierende Abdeckungen, isolierende Schutzbekleidung,*
- *DIN VDE 0132 „Brandbekämpfung im Bereich elektrischer Anlagen" beachtet wird,*
- *bei Einsätzen im Bereich elektrifizierter Bahnstrecken die „Richtlinien über das Verhalten der Feuerwehren an elektrisch betriebenen Strecken der Bundesbahn" beachtet werden,*
- *Unterweisungen durchgeführt werden.*

§ 30 Sichtprüfungen

Feuerwehr-Sicherheitsgurte, Fangleinen, Sprungrettungsgeräte, Leitern und ortsveränderliche Betriebsmittel sind nach jeder Benutzung einer Sichtprüfung auf Abnutzung und Fehlerstellen zu unterziehen.

Diese Forderung ist erfüllt, wenn diese Geräte und Ausrüstungen einer Kontrolle auf äußerlich erkennbare Schäden und Mängel ohne Zuhilfenahme von Prüfmitteln unterzogen wird. Für ortsveränderliche elektrische Betriebsmittel wird zusätzlich auf die Prüfbestimmung der UVV „Elektrische Anlagen und Betriebsmittel" verwiesen. ...

5.5 Selbstkontrolle und Testfragen

(Lösungen siehe Seite 80)

1. Welche Aussagen über die Unfallverhütungsvorschriften sind richtig?

   a) Unfallverhütungsvorschriften werden von den Trägern der gesetzlichen Unfallversicherung erarbeitet.
   b) Unfallverhütungsvorschriften werden vom jeweiligen Innenminister des Landes bestätigt.
   c) Unfallverhütungsvorschriften sind Empfehlungen.
   d) Unfallverhütungsvorschriften haben Gesetzeskraft.

2. Welche besondere Ausnahmeregelung für die Feuerwehr ist in einer Unfallverhütungsvorschrift festgelegt?

   a) „Im Einzelfall kann bei Einsätzen zur Rettung von Menschenleben von den Bestimmungen der Unfallverhütungsvorschriften abgewichen werden."
   b) „In besonderen Lagen kann auf Anweisung der Leitung der Feuerwehr von den Bestimmungen der Unfallverhütungsvorschriften abgewichen werden."
   c) „Die Bestimmungen der Unfallverhütungsvorschriften gelten nicht für eine schnelle Einsatzdurchführung."
   d) „Die Bestimmungen der Unfallverhütungsvorschriften sind allgemeine Empfehlungen."

3. Wie oft müssen Feuerwehrangehörige über Maßnahmen zur Verhütung von Unfällen unterwiesen werden?

   a) Mindestens zweimal im Jahr.
   b) Mindestens einmal im Jahr.
   c) Die Häufigkeit liegt im Ermessen der Leitung der Feuerwehr.
   d) Bei Bedarf (z.B. im Rahmen der Ausbildung).

Unfallverhütungsvorschriften

4. Wer ist im Sinne der Unfallverhütungsvorschrift „Feuerwehren" ein Feuerwehrangehöriger?

a) Der aktiv Dienst leistende Feuerwehrangehörige.
b) Der Angehörige des Feuerwehrvereins.
c) Der Angehörige der Jugendfeuerwehr.
d) Der Angehörige der Alters- und Ehrenabteilung.

5. Welche persönlichen Schutzausrüstungen sind gemäß Unfallverhütungsvorschrift „Feuerwehren" für Ausbildung, Übung und Einsatz mindestens erforderlich?

a) Feuerwehrschutzanzug.
b) Feuerwehrhelm mit Nackenschutz.
c) Feuerwehrsicherheitsgurt.
d) Feuerwehrschutzhandschuhe.
e) Feuerwehrgesichtsschutz.
f) Feuerwehrschutzschuhwerk.

6. Durch welche besonderen Maßnahmen können Feuerwehrangehörige, die am Einsatzort durch den Straßenverkehr gefährdet sind, geschützt werden?

a) Tragen geeigneter Warnkleidung.
b) Tragen der privaten persönlichen Schutzkleidung.
c) Kennzeichnung durch Schilder und Signalgeräte.
d) Verkehrslenkungsmaßnahmen der Polizei.

7. Durch welche besonderen Maßnahmen können Feuerwehrangehörige, die am Einsatzort durch Einsturz- und Absturzgefahren gefährdet sind, geschützt werden?

a) Abstützen oder Verbauen.
b) Kenntlich machen oder Absperren.
c) Abreißen oder Umwerfen.
d) Unterlegen von Hilfsmittel (z.B. Bohlen, Leitern).

6 Sicherer Feuerwehrdienst

Aufbauend auf den Bestimmungen der Unfallverhütungsvorschrift „Feuerwehren" soll in diesem Kapitel anhand praktischer Beispiele deutlich gemacht werden, dass ein sicheres Verhalten zum selbstverständlichen Bestandteil des Feuerwehrdienstes gehören muss.

Die Feuerwehrangehörigen müssen die Gefahren bei Übungen und Einsatz kennen und erkennen, ohne dass sie zum Unfall führen. So können sie sich schützen und letztlich das Risiko eines Unfalleintritts verringern.

Der Feuerwehrangehörige kann z. B.:			
ausrutschen	stolpern	umknicken	abstürzen
sich schneiden	sich quetschen	sich vergiften	sich verbrennen
sich verbrühen	sich verätzen	sich stoßen	sich einklemmen

Unfälle lassen sich vermeiden, wenn man Gefahren erst gar nicht entstehen lässt oder erkannte Gefahren beseitigt werden. Können Gefahren nicht beseitigt werden, müssen sie gemieden, umgangen oder ihnen ausgewichen werden oder sie werden abgesperrt. Wichtig ist, dass sich die Feuerwehrangehörigen so verhalten, dass die Gefahren nicht wirksam werden können.

Anhand von Unfallschilderungen aus der Praxis kann deutlich gemacht werden, dass ein entsprechendes Fachwissen und die Verwendung geeigneter Schutzausrüstungen und Geräte als selbstverständliche Bestandteile des taktisch richtigen Vorgehens der Feuerwehr notwendig sind und nur so der Einsatzerfolg sichergestellt werden kann.

Hinweis: Das sichere Verhalten im Feuerwehrdienst muss ständig gründlich geübt werden, damit auch unter besonderen Einsatz- und Übungsbedingungen jederzeit die Sicherheit der Feuerwehrangehörigen gewährleistet ist!

Sicherer Feuerwehrdienst

6.1 Persönliche Anforderungen

Der Feuerwehrdienst stellt hohe Anforderungen an die Feuerwehrangehörigen. Deshalb sind nur Feuerwehrangehörige geeignet, die die körperlichen und fachlichen Voraussetzungen erfüllen.

Entscheidend für die körperliche Eignung sind Gesundheitszustand, Alter und Leistungsfähigkeit. Bestehen Zweifel am Gesundheitszustand, z.B. nach einer längeren Krankheit, soll ein Arzt, der die Aufgaben der Feuerwehr kennt, den Feuerwehrangehörigen untersuchen und seine körperliche Eignung beurteilen.

Bezüglich der Altersgrenzen für den Einsatz der Feuerwehrangehörigen, gelten die jeweiligen landesrechtlichen Bestimmungen.

Besondere Anforderungen an die Leistungsfähigkeit werden an Feuerwehrangehörige gestellt, die z.B. als Atemschutzgeräteträger oder als Träger von Chemikalienschutzkleidung eingesetzt werden. Sie müssen sich regelmäßig arbeitsmedizinischen Vorsorgeuntersuchungen durch einen ermächtigten Arzt unterziehen.

Fachlich geeignet sind nur die Feuerwehrangehörigen, die eine gründliche theoretische und praktische Ausbildung durchlaufen haben. Durch regelmäßiges Üben müssen die Kenntnisse und Fähigkeiten erhalten und erweitert werden.

> **Merke:** Gemäß Feuerwehr-Dienstvorschrift FwDV 2/1 soll jeder Angehörige der Freiwilligen Feuerwehr im Jahr **mindestens 40 Stunden Ausbildungsdienst leisten.** Durch Teilnahme an Einsätzen und Übungen aller Art soll er das Erlernte erhalten und erweitern!

Zur fachlichen Eignung der Feuerwehrangehörigen gehört auch die Kenntnis der mit der jeweiligen Aufgabe verbundenen Gefahren und der darauf abgestimmten sicheren Verhaltensweisen.

Sicherer Feuerwehrdienst

6.2 Persönliche Schutzausrüstungen

Die wirksamste Methode der Unfallverhütung ist es, Gefahren zu beseitigen oder abzuschirmen. Aber auch durch technische oder organisatorische Schutzmaßnahmen ist es nicht immer möglich, das Wirksamwerden von Gefahren restlos zu beseitigen.

Deshalb ist es erforderlich, die Feuerwehrangehörigen durch persönliche Schutzausrüstungen gemäß Unfallverhütungsvorschriften vor Verletzungen oder anderen Gesundheitsschäden zu schützen. Der Verzicht auf die persönliche Schutzausrüstung, sei es um schnell einsatzbereit zu sein oder aus Bequemlichkeit, führt immer zu einem erheblichen Verletzungs- und Gesundheitsrisiko.

Zum Schutz vor den Gefahren des Feuerwehrdienstes bei Ausbildung, Übung und Einsatz müssen **mindestens** folgende persönliche Schutzausrüstungen durch die Gemeinde zur Verfügung gestellt und von den Feuerwehrangehörigen auch getragen werden:

- **Feuerwehrschutzanzug**
- **Feuerwehrhelm mit Nackenschutz**
- **Feuerwehrschutzhandschuhe**
- **Feuerwehrschutzschuhwerk**

Der Einsatzleiter kann gegebenenfalls Abweichungen anordnen.

Die Schutzwirkung der persönlichen Schutzausrüstungen hat aber auch Grenzen, die beachtet werden müssen. Ob z. B. der Feuerwehrhelm den Feuerwehrangehörigen vor Kopf- oder Nackenverletzungen schützt, hängt auch von dem Gewicht eines fallenden Gegenstandes und von der Fallhöhe ab.

> **Merke:** Ist mit Gefahren zu rechnen, die die Schutzwirkung der persönlichen Schutzausrüstungen übersteigen, muss der Feuerwehrangehörige den Gefahrenbereich unverzüglich verlassen.

Sicherer Feuerwehrdienst

6.2.1 Feuerwehrschutzanzug

> **Unfallmeldung:** „Bei einer Übung der Feuerwehr ... musste eine Schlauchleitung über eine Mauer gelegt werden. Beim Überklettern der Mauer verlor ich plötzlich den Halt und rutschte an der Mauer entlang nach unten. An dem rauhen Mauerwerk zog ich mir dabei Hautabschürfungen und blutende Wunden am Bauch und an den Armen zu. Wegen der sommerlichen Temperaturen hatte ich keine Feuerwehrjacke angezogen."

Ein Feuerwehrschutzanzug soll den Körper des Feuerwehrangehörigen weitgehend vor folgenden Gefährdungen schützen:

- mechanische Einwirkungen wie z.B. Stoß, Schlag, Stich, Schnitt,
- thermische Einwirkungen wie z.B. Flammen, Wärmestrahlung, Glut,
- klimatische Einwirkungen wie z.B. Regen, Kälte, Wind,
- elektrische Einwirkungen,
- chemische Einwirkungen wie z.B. Spritzer, Tropfen,
- nicht gesehen werden wie z.B. im Verkehrsraum, an der Einsatzstelle.

Bisher wurden von den Feuerwehren meist sogenannte „bundeseinheitliche Feuerwehrschutzanzüge" gemäß Herstellungsrichtlinie der Bundesländer verwendet (orangefarbene Jacke und dunkelblaue Hose).

Diese Feuerwehrschutzanzüge werden aber mehr und mehr durch Schutzanzüge gemäß „Herstellungs- **und Prüfbescheinigung für eine universelle Feuerwehr-Schutzkleidung (HuPF)"** ersetzt. Mit ihr werden auch die Anforderungen gemäß DIN EN 469 „Schutzkleidung für die Brandbekämpfung" erfüllt.

Die jeweilige Ausführung eines Feuerwehrschutzanzuges gemäß HuPF richtet sich nach dem Verwendungszweck. Es wird dabei grundsätzlich zwischen Feuerwehrjacke und -hose und Feuerwehrüberjacke und -überhose unterschieden. Bei der Beschaffung derartiger Feuerwehrschutzanzüge sind gegebenenfalls entsprechende Länderrichtlinien zu beachten.

Sicherer Feuerwehrdienst

Abbildung 4: Feuerwehrschutzanzüge (bisherige Ausführung und HuPF)

Für Einsätze zur Brandbekämpfung, bei denen die Gefahr von Flammeneinwirkungen besteht, ist eine mehrlagige Feuerwehrüberjacke und -überhose erforderlich. Für Tätigkeiten außerhalb einer möglichen Flammeneinwirkung (z.B. Wasserförderung, technische Hilfeleistungen) kann auch eine einlagige Feuerwehrjacke und -hose getragen werden.

Zusätzliche Warnkleidungen wie Warnwesten gemäß DIN EN 471, die z.B. bei Gefährdungen der Feuerwehrangehörigen durch fließenden Verkehr getragen werden müssen, sind dann nicht erforderlich, wenn die Feuerschutzanzüge mit Warn- und Reflexstreifen aus fluoreszierendem und retrorekflektierendem Material entsprechend den Anforderungen der DIN EN 471 ausgestattet sind und eine entsprechende Auffälligkeit durch das Hintergrundmaterial gegeben ist.

6.2.2 Feuerwehrhelm mit Nackenschutz

Unfallmeldung: „Neben dem Löschfahrzeug wollte ich einen Handschuh aufheben, der mir entglitten war. Beim Aufrichten stieß ich mit dem Kopf gegen die scharfe Ecke der sich öffnenden Fahrertür des Löschfahrzeuges und zog mir eine stark blutende Kopfwunde zu. Mein Feuerwehrhelm befand sich noch im Löschfahrzeug."

Ein Feuerwehrhelm mit Nackenschutz soll den Kopf und den Nacken des Feuerwehrangehörigen weitgehend vor folgenden Gefährdungen schützen:

- vor Verletzungen durch herabfallende Gegenstände,
- vor Verletzungen durch Anstoßen an Kanten, Ecken usw.,
- vor Verbrennungen von Kopf oder Nacken durch herabfallende oder brennend abtropfende, glühende oder heiße Teile,
- vor Verbrennungen durch Flammen, Wärme oder Funken,
- bei angebrachtem Gesichtsschutz vor Verletzungen der Augen.

Feuerwehrhelme müssen den Anforderungen der DIN EN 443 „Feuerwehrhelme", Ausgabe: 1997-12 entsprechen. Zu den Anforderungen gehören u. a.

- Helmschale aus nicht elektrisch leitfähigem Werkstoff,
- Helmschale nachleuchtend,
- umlaufender retroreflektierender Streifen,
- Trageeinrichtung mit Kinnriemen,
- Nackenschutz aus Leder, Tuch o. Ä.,
- fester oder abnehmbarer Augen- und/oder Gesichtsschutz,
- Vorkehrungen, die das gleichzeitige Tragen einer Atemschutzmaske oder einer Seh- oder Schutzbrille ermöglichen.

Hinweis: Statt der bisher einheitlichen Form der Helmschale, sind nach DIN EN 443 jetzt verschiedene Formen möglich. Als Werkstoff für die Helmschale wird nur noch Kunststoff verwendet, nicht wie bisher Metall!

Sicherer Feuerwehrdienst

Abbildung 5: Feuerwehrhelme gemäß DIN EN 443 (aus Kunststoff!)

Vor allem bei Übungen in Brandgewöhnungs- und Rauchdurchzündungsanlagen (Flash-Over-Container) ist es bei verschiedenen Feuerwehren zu Problemen mit genormten Feuerwehrhelmen aus Kunststoff gekommen.

Bei höheren Temperaturen führten Blasenbildungen und Aufschäumen auf der Innen- bzw. Außenseite der Helmschalen dazu, dass Helme verrutschten oder den Feuerwehrangehörigen durch den Kinnriemen die Luft abgeschnürt wurde.

Dieses Problem trat besonders bei den Helmen auf, die aus einem Textil-Phenol-Kunstharz hergestellt waren.

Merke: Bei Übungen und Einsätzen, bei denen mit hohen Temperaturen zu rechnen ist (z.B. Flash-Over-Container, Innenangriff unter PA), sind deshalb unbedingt genormte Feuerwehrhelme aus **glasfaserverstärktem Kunststoff** einzusetzen!

Sicherer Feuerwehrdienst

6.2.3 Feuerwehrschutzhandschuhe

Unfallmeldung: „Bei Aufräumungsarbeiten nach einem Wohnungsbrand stach mir ein spitzer Gegenstand durch den Handschuh in den rechten Mittelfinger. Ich habe dieser Verletzung zunächst keine Bedeutung beigemessen, bis sich daraus eine Blutvergiftung entwickelte. Bei den getragenen Handschuhen handelte es sich nicht um Feuerwehrschutzhandschuhe."

Feuerwehrschutzhandschuhe sollen die Hände, Finger, Pulsschlagadern und Unterarme des Feuerwehrangehörigen weitgehend vor folgenden Gefährdungen schützen:

- vor Schnitt- und Stichverletzungen, Abschürfungen und Risswunden,
- vor Verbrennungen durch Flammen, Wärmestrahlung, heiße Gase oder Dämpfe oder durch Berühren heißer oder brennender Teile,
- vor geringfügigen chemischen Einwirkungen.

Abbildung 6: Feuerwehrschutzhandschuhe gemäß DIN EN 659

Feuerwehrschutzhandschuhe müssen den Anforderungen der DIN EN 659 „Feuerwehrschutzhandschuhe", Ausgabe: 1996-02 entsprechen. Zu den Anforderungen gehören u. a.:

- Fünffingerhandschuhe aus Leder oder textilem Gewebe mit Futter,
- Handrücken (Knöchel), Handfläche, Pulsschutz und Daumen verstärkt,
- 70 mm bis 140 mm lange Stulpen.

6.2.4 Feuerwehrschutzschuhwerk

Unfallmeldung: „Bei Löscharbeiten in einem Fabrikgebäude bin ich in einen Nagel getreten, der die Sohle des Gummistiefels durchstoßen hat und ich habe mir eine Stichverletzung am linken großen Zeh zugezogen. Bei den Gummistiefeln handelte es sich um meine privaten Stiefel, die nicht mit einer durchtrittsicheren Sohle ausgestattet sind."

Abbildung 7: Feuerwehrschutzschuhwerk gemäß DIN EN 345

Sicherer Feuerwehrdienst

Feuerwehrschutzschuhwerk soll die Füße und die Unterschenkel des Feuerwehrangehörigen weitgehend vor folgenden Gefährdungen schützen:

- vor Verletzungen des Fußes durch herabfallende Gegenstände,
- vor Verletzungen der Fußsohle durch Hineintreten in spitze Gegenstände,
- vor Verletzungen durch Umknicken,
- vor Verbrennungen des Fußes, Kälte oder Nässe,
- vor elektrischem Strom und elektrostatischen Aufladungen,
- vor Verletzungen des Unterschenkels.

Feuerwehrschutzschuhwerk muss den Anforderungen der DIN EN 345 „Sicherheitsschuhe für den gewerblichen Bereich", Ausgabe: 1997-06 entsprechen. Zu den Anforderungen gehören u. a.:

- aus Leder, in Form von Schaftstiefeln oder Schnürstiefeln,
- aus Gummi oder speziellen Kunststoffen, in Form von Schaftstiefeln,
- Zehenschutzkappe und durchtrittsichere Einlage im Sohlenbereich,
- Anziehschlaufen,
- bestimmte Wasserdichtheit.

Hinweis: Schnürstiefel sollen durch einen enganliegenden Schaft das seitliche Umknicken des Fußes verhindern. Dies ist aber nur möglich, wenn der Schnürstiefel auch entsprechend eng geschnürt wird (Herstellerangaben beachten). Eine aus Bequemlichkeit zu locker ausgeführte Schnürung ergibt keinen Sicherheitsgewinn!

6.3 Spezielle persönliche Schutzausrüstungen

Wenn die auftretenden oder vermuteten Gefahren es erfordern, müssen zusätzlich spezielle persönliche Schutzausrüstungen getragen werden. Die Art und der Umfang dieser speziellen Schutzausrüstung wird vom Einsatzleiter bzw. von der zuständigen Führungskraft bestimmt.

Sicherer Feuerwehrdienst

Tabelle 4: Gefährdungen und die erforderlichen speziellen persönlichen Schutzausrüstungen

Gefährdung durch ...	Schutzausrüstungen
Wegrutschen auf Böschungen oder Ausrutschen auf Leitern	Feuerwehr-Sicherheitsgurt und Feuerwehrleine **Achtung: Nicht bei Gefährdungen durch Absturz (freier Fall)**
Tätigkeiten in absturzgefährdeten Bereichen (freier Fall)	Auffanggurt mit Kernmantel-Dynamikseil und Zubehör
Sauerstoffmangel oder gesundheitsgefährdende Stoffe (Atemgifte)	Atemschutzgeräte
wegfliegende, zurückschnellende, glühende Teile, Spritzer gefährlicher Stoffe oder Flüssigkeiten	Gesichtsschutz, Schutzbrille
Einwirken gefährlicher Stoffe oder Gefahr der Hautschädigung durch Gase oder Dämpfe	Chemikalienschutzanzug
Flammeneinwirkungen im Hals- und Nackenbereich	Flammenschutzhaube oder Hals-Nacken-Schutztuch
Wärmestrahlung	Wärmeschutzanzug **Achtung: Nicht bei Gefährdungen durch Flammeneinwirkungen**
ionisierende Strahlen	Kontaminationsschutzanzug
Arbeiten mit einer Motorsäge	Schnittschutzausrüstung
längere Arbeiten mit der Motorsäge z. B. bei Windbruch	Forstarbeiterhelm-Kombination mit Gehör- und Gesichtsschutz
längere Arbeiten mit hohem Lärmpegel z. B. in der Nähe von Tragkraftspritzen	Gehörschutzmittel
fließenden Straßen- oder Schienenverkehr im Bereich von Verkehrswegen	Warnwesten

Sicherer Feuerwehrdienst

6.4 Verhalten der Feuerwehrangehörigen

Durch das Wissen über die Gefahren an einer Einsatzstelle und im sonstigen Dienstbetrieb, durch die Anwendung sicherer Arbeitsweisen und durch die Verwendung geeigneter Einsatzmittel ist es den Feuerwehrangehörigen durchaus möglich, ihre Tätigkeiten den Gefahren soweit anzupassen, dass Verletzungen und Schädigungen weitgehend vermieden werden können.

In den folgenden Kapiteln werden sichere Verhaltensweisen erläutert, die sich aus den Bestimmungen der Unfallverhütungsvorschriften ergeben.

6.4.1 Straßenverkehr

Unfallmeldung: „Bei einem Verkehrsunfall auf der Bundesstraße war ich mit dem Bereitstellen der hydraulischen Rettungsgeräte beschäftigt. Als sich ein Kraftfahrzeug mit hoher Geschwindigkeit näherte, bin ich vor Schreck zur Seite gesprungen und über den bereitliegenden Spreizer gestolpert und habe mir einen Bänderriss zugezogen. Da der Verletzte schnell befreit werden sollte, hatte ich noch keine Warnweste angezogen."

Bei Einsatzstellen im Verkehrsraum ist es zum Schutz der zu rettenden Personen und der vorgehenden Einsatzkräfte unbedingt erforderlich, den Einsatzbereich durch geeignete Warn- und Absperrmaßnahmen gegen den fließenden Fahrzeugverkehr abzusichern (§ 17 Abs. 3, UVV „Feuerwehren").

Merke: Alle Feuerwehrangehörigen müssen bei Tätigkeiten im Straßenraum für andere Verkehrsteilnehmer frühzeitig und unverwechselbar erkennbar sein und deshalb geeignete Einsatzkleidung mit Warnwirkung oder entsprechende Warnwesten tragen!

Zusätzlich zu den von den Feuerwehrangehörigen zu tragenden Warnkleidungen ist eine Kennzeichnung des Einsatzbereiches durch Verkehrsleitkegel, Blinkleuchten usw. erforderlich. Bei Dunkelheit ist möglichst schnell eine vollständige Ausleuchtung der Einsatzstelle durchzuführen.

Sicherer Feuerwehrdienst

Abbildung 8: Absichern einer Einsatzstelle

Wird durch Absperrmaßnahmen der Verkehrsfluss behindert oder zum Stillstand gebracht, ist es Aufgabe der Polizei, Verkehrslenkungen zu organisieren und auch zu überwachen. Die Sicherheit der Einsatzkräfte hat dabei Vorrang vor der Aufrechterhaltung des Verkehrsflusses.

6.4.2 Beladen, Entladen und Transportieren

Unfallmeldung: „Bei einer Übung für den Feuerwehrwettkampf wollte ich einen C-Druckschlauch aus dem Geräteraum des Löschgruppenfahrzeuges herausnehmen. Dabei schlug mir eine der Schlauchkupplungen ins Gesicht. Dies führte zum Verlust zweier Schneidezähne."

Das sichere Be- und Entladen und Transportieren erfordert geeignete Fahrzeug-Geräteräume und die richtige Handhabung der feuerwehrtechnischen Beladung durch die Feuerwehrangehörigen.

Sicherer Feuerwehrdienst

Feuerwehrfahrzeuge müssen so gestaltet sein, dass beim Verladen, Transport und Entladen der feuerwehrtechnischen Ausrüstung Gefährdungen vermieden werden (§ 5, UVV „Feuerwehren"). Diese Forderung richtet sich insbesondere an den Hersteller des Feuerwehrfahrzeuges. Aber auch bei nachträglichen Um- oder Einbauten durch die Feuerwehr muss dies beachtet werden.

Um die richtigen Handhabung der feuerwehrtechnischen Beladung zu gewährleisten, sind insbesondere folgende Sicherheitshinweise zu beachten:

- Beim Beladen der Fahrzeuge sind die Ausrüstungen und Geräte in den vorgesehenen Halterungen und Lagerungen zu verladen und zu sichern.
- Feuerwehrfahrzeuge sollten so aufgestellt werden, dass im Standbereich vor Geräteräumen keine Stolperstellen vorhanden sind.
- Feuerwehrfahrzeuge und Anhänger sind vor dem Be- und Entladen gegen Wegrollen zu sichern, z.B. durch Betätigen der Feststellbremse oder Benutzen von Unterlegkeilen.
- Gerollte Feuerwehrschläuche sind bei der Entnahme aus den Schlauchfächern mit beiden Händen zu umfassen, damit Schlauchkupplungen nicht herunterfallen können.

Abbildung 9: Gefahr bei der Entnahme eines Druckschlauches

Abbildung 10: Richtige Entnahme eines Druckschlauches

Sicherer Feuerwehrdienst

- Tragkraftspritzen, Stromerzeuger oder andere schwere Geräte müssen von mindestens so vielen Feuerwehrangehörigen getragen werden, wie Handgriffe vorhanden sind.
- Beim Anheben schwerer Lasten muss eine Körperhaltung, bei der die Wirbelsäule in gerader Haltung nur senkrecht belastet wird, eingenommen werden.
- Beim Transportieren von Lasten sind die Transportabläufe und die Kommandos vorher abzusprechen. Kommandos gibt nur eine Person (z.B. „Hebt an!").
- Beim Aufbau der Löschwasserversorgung sind die Schläuche und Armaturen so zu verlegen, dass Transportwege freigehalten werden (kein Schlauchsalat!).

Abbildung 11: Gefährdungen beim Tragen einer Schlauchhaspel

Sicherer Feuerwehrdienst

6.4.3 Wasserförderung und Wasserabgabe

> **Unfallmeldung:** „Bei der Unterbrechung der Wasserförderung hatte ich das Strahlrohr auf den Boden gelegt. Als wieder Wasser am Rohr war, ist das Strahlrohr herumgeschlagen. Beim Versuch es festzuhalten, bin ich gestürzt und vom Strahlrohr getroffen worden. Dabei zog ich mir Prellungen am Körper und eine Platzwunde am Kopf zu."

Die bei der Wasserförderung entstehenden Drücke müssen beim Verlegen von Druckschläuchen und bei der Wasserabgabe durch Strahlrohre beachtet werden. Strahlrohre, Druckschläuche, Verteiler u. Ä. sind so zu benutzen, dass Feuerwehrangehörige beim Umgang mit diesen Geräten nicht durch den Druck und den Wasserstrahl gefährdet werden (§ 19, UVV „Feuerwehren").

Um die richtige Handhabung der Geräte bei der Wasserförderung zu gewährleisten, sind insbesondere folgende Sicherheitshinweise zu beachten:

- An Einsatzstellen sind trittsichere Verkehrswege auszuwählen. Bei Dunkelheit sind die Einsatzstelle und die Verkehrswege zu beleuchten.
- Druckschläuche sind möglichst nur am Rand von Verkehrswegen zu verlegen, um den Zugang zur Einsatzstelle zu gewährleisten und Stolperstellen zu vermeiden.
- Druckschläuche sind auf Treppen so zu verlegen, dass keine Stolperstellen entstehen. Dazu werden Schläuche z.B. durch das Treppenauge geführt oder eng mit Schlauchhaltern am Geländer gesichert.
- Druckschläuche dürfen nicht geknickt oder verdreht verlegt und nicht über scharfe Kanten gezogen werden.
- Beim Ausrollen von Druckschläuchen sind diese unmittelbar an den Kupplungen festzuhalten, damit keine freihängenden Kupplungen gegen den Körper schlagen.
- Erst auf Befehl „Wasser marsch!" werden die Pumpenausgänge langsam geöffnet. Der Verteiler ist zu sichern, bis der Wasserdruck aufgebaut ist. Der Befehl „Wasser marsch!" am Strahlrohr wird erst dann gegeben, wenn der Trupp einen sicheren Stand hat und der Schlauch gesichert ist.

Sicherer Feuerwehrdienst

Abbildung 12: Auswerfen eines Druckschlauches

Abbildung 13: Besteigen einer Leiter

- Ein B-Strahlrohr wird grundsätzlich zusammen mit einem Stützkrümmer eingesetzt und von mindestens zwei Einsatzkräften gehalten.
- Beim Besteigen von Leitern wird der Druckschlauch über der Schulter getragen und dabei aber nicht in den Feuerwehr-Sicherheitsgurt gesteckt. Bei größeren Höhen (> 1. Obergeschoss) wird die Schlauchleitung mit einer Feuerwehrleine hochgezogen.

> **Merke:** Wenn ein Strahlrohr nicht mehr gehalten werden kann oder außer Kontrolle gerät, muss sofort die Wasserförderung am Verteiler unterbrochen werden („Wasser halt!")!

Sicherer Feuerwehrdienst

6.4.4 Verbrennungsmotoren

Unfallmeldung: „Beim Einatmen der Motorabgase des Stromerzeugers wurde mir übel und ich verlor das Gleichgewicht. Dabei zog ich mir eine große Platzwunde am Kopf zu."

Beim Betrieb von Verbrennungsmotoren können die Feuerwehrangehörigen durch entstehende Abgase, zurückschlagende Handkurbeln von Starteinrichtungen, gesundheitsschädigendem Lärm oder Umgang mit Kraftstoffen gefährdet werden. Verbrennungsmotoren sind so zu betreiben, dass Feuerwehrangehörige nicht durch Abgase oder beim Anwerfen von Hand nicht durch Kurbelrückschlag gefährdet werden (§ 20, UVV „Feuerwehren").

Um den sicheren Betrieb von Verbrennungsmotoren zu gewährleisten, sind insbesondere folgende Sicherheitshinweise zu beachten:

- Auch beim Betrieb im Freien sind bei der Verwendung von Verbrennungsmotoren Abgasschläuche zur Ableitung der entstehenden Abgase einzusetzen.

Abbildung 14: Verwendung eines Abgasschlauches

Sicherer Feuerwehrdienst

- Abgasschläuche sind so zu verlegen, dass die Abgase vom Tätigkeitsbereich der Feuerwehrangehörigen weg geleitet werden.
- Bei Reparatur- und Instandhaltungsarbeiten oder der Prüfung von Pumpen in geschlossenen Räumen müssen die Abgase über Abgasschläuche oder durch Absaugeinrichtungen ins Freie abgeleitet werden.
- Beim Starten einer Tragkraftspritze wird die Andrehkurbel nicht mit dem Daumen umfasst, sondern der Daumen neben den Zeigefinger gelegt.
- Beim Aufenthalt im Lärmbereich von Motoren oder Pumpenbedienständen müssen geeignete Gehörschutzmittel getragen werden.
- Beim Betanken mit Kraftstoffen dürfen keine Zündquellen z.B. durch Rauchen oder offenes Feuer vorhanden sein. Der Motor ist abzustellen und muss vor dem Betanken abgekühlt sein.

6.4.5 Sprungrettung

Unfallmeldung: „Bei einer Übung mit dem Sprungpolster bin ich beim Sprung am Rand aufgekommen und auf den Boden geschleudert worden. Dies führte zu einem Bruch des rechten Unterschenkels."

Gefährdungen der springenden Person und der Halte-/Bedienmannschaft sind auch bei bestimmungsgemäßem Gebrauch von Sprungrettungsgeräten nie auszuschließen, weil auf die Sprungart und -haltung der Person kein Einfluss genommen werden kann.

Bei Übungen sind Sprungrettungsgeräte deshalb so zu handhaben und Fallkörper und Fallhöhe so zu wählen, dass die Haltemannschaft nicht gefährdet wird (§ 21, UVV „Feuerwehren"). Bei Übungen ist das Gewicht des Fallkörpers, z.B. ein Sandsack, auf 50 kg, die Fallhöhe auf 6 m beim Sprungtuch und 12 m beim Sprungpolster zu begrenzen.[*]

Merke: Zu Übungszwecken darf nicht mit Personen gesprungen werden! Zu Übungen gehören auch Vorführungen!

---

[*] siehe auch Broschüre „Gerätekunde Rettungsgerät"

Sicherer Feuerwehrdienst

6.4.6 Technische Hilfeleistung

Unfallmeldung: „Beim Durchtrennen eines Fahrzeugholmes ist mir dieser gegen den Ellbogen geschnellt, weil er durch die Verformung beim Unfall unter Spannung war. Dabei habe ich mir eine Prellung zugezogen."

Beim Einsatz von hydraulischen Rettungsgeräten, pneumatischen Hebezeugen, Trennschleifmaschinen u. Ä. bestehen Gefahren für die Einsatzkräfte. Geräte können abrutschen, Fahrzeugteile zurückschnellen, Splitter wegfliegen. Deshalb sind die Einsatzgrenzen entsprechend den Bedienungsanleitungen und die jeweiligen Unfallverhütungsvorschriften zu beachten.

Abbildung 15:   Rechtwinkeliges Ansetzen des Schneidgerätes

Sicherer Feuerwehrdienst

Um den sicheren Betrieb von Rettungsgeräten zu gewährleisten, sind insbesondere folgende Sicherheitshinweise zu beachten:

- Beim Einsatz der Geräte sind neben der persönlichen Schutzausrüstung die jeweils notwendigen speziellen Schutzausrüstungen (z.B. Gesichtsschutz) zu tragen.
- Die Geräte sind entsprechend der Bedienungsanleitung einzusetzen und die Spannungszustände am verunfallten Fahrzeug zu berücksichtigen.
- Durch eigene Kraftanwendungen, z.B. Änderung der Schnittrichtung, dürfen keine zusätzliche Spannungen erzeugt werden.
- Das hydraulische Schneidgerät soll möglichst rechtwinklig am zu schneidenden Gegenstand angesetzt werden.

Abbildung 16: Gesichtsschutz verwenden

Sicherer Feuerwehrdienst

- Lenksäulen, Achsen, gehärtete Fahrzeugteile, lose oder freie Enden von Fahrzeugteilen dürfen mit dem hydraulischen Schneidgerät nicht durchtrennt werden.
- Der hydraulische Rettungszylinder ist beim Auseinanderdrücken von Fahrzeugteilen so anzusetzen, dass er nicht abrutschen und so das Fahrzeugteil zurückschnellen kann.
- Beim Einsatz des Lufthebers (LH 30 S) sind möglichst immer zwei Druckkissen zu verwenden. Diese dürfen aber nicht übereinander eingesetzt werden.
- Für die Druckkissen ist ein geeigneter Untergrund auszuwählen. Die Druckkissen dürfen nicht an spitzen, scharfen Kanten oder heißen Teilen angesetzt werden, punktförmige Belastungen sind zu vermeiden.
- Angehobene Lasten sind durch Unterbauen gegen Herabfallen und zusätzlich gegen Verrutschen zu sichern.
- Trennschleifmaschinen sind immer mit beiden Händen festzuhalten, auf festen Stand ist zu achten. Ein Standortwechsel darf nicht mit laufender Trennschleifmaschine durchgeführt werden. Standortwechsel sind erst nach Stillstand des Gerätes durchführen.

6.4.7 Einsturz und Absturz

Unfallmeldung: „Nachdem der Brand in der Scheune gelöscht war, musste das Heu abgetragen werden. Dabei rutschte ich vom nassen Heu ab und stürzte durch eine offene Luke ca. 2,50 m tief ab. Ich zog mir dabei eine Gesäßprellung und einen Bluterguss zu."

Durch einen Brand, eine Explosion oder eine sonstige Einwirkung kann die Standsicherheit eines Einsatzobjektes gefährdet sein. Es besteht dann Einsturzgefahr. Darüber hinaus können Einsatzkräfte im Bereich von Gruben, Öffnungen oder nicht tragfähigen Untergründen abstürzen oder durchbrechen.

Bei Objekten, deren Standsicherheit zweifelhaft ist oder an Stellen, die nicht ausreichend tragfähig sind müssen Sicherungsmaßnahmen gegen Einsturz und Absturz getroffen werden (§ 28, UVV „Feuerwehren").

Sicherer Feuerwehrdienst

Abbildung 17: Einsturzgefahr (Quelle: DVW Dietrich + Vonhof, Wuppertal)

Um Einsatzkräfte vor Einsturz- und Absturzgefahren zu schützen, sind insbesondere folgende Sicherheitshinweise zu beachten:

- Eingestürzte, teileingestürzte oder einsturzgefährdete Einsatzobjekte dürfen nur betreten werden, wenn dies zur Durchführung von Rettungsmaßnahmen unbedingt erforderlich und vertretbar ist.
- Einsturzgefährdete Einsatzobjekte sind laufend auf Anzeichen eines bevorstehenden Einsturzes wie Risse, Durchbiegungen oder berstende Geräusche zu überwachen.
- Schächte, Gruben, Decken- oder Wandöffnungen, bei denen Absturzgefahren bestehen, sind zu kennzeichnen und abzusperren.
- Bei nicht tragfähigen Untergründen sind gegebenenfalls geeignete Hilfsmittel wie Steckleiterteile, Bohlen, Bretter o. Ä. zu verwenden.

Sicherer Feuerwehrdienst

6.4.8 Elektrische Anlagen

Unfallmeldung: „Zum Ausleuchten eines Kellerraumes wurde ein Flutlichtstrahler an die vorhandene Hausinstallation angeschlossen. Nach kurzer Zeit kam es zum vollständigen Stromausfall in diesem Bereich. In der Dunkelheit stolperte ich über ein abgestelltes Fahrrad und zog mir eine Prellung zu."

Beim Einsatz in der Nähe von elektrischen Anlagen, im Bereich schadhafter elektrischer Anlagen oder bei der Verwendung fehlerhafter elektrischer Geräte können Einsatzkräfte durch den elektrischen Strom gefährdet werden.

Deshalb dürfen nur geeignete elektrische Betriebsmittel eingesetzt werden und es sind im Bereich elektrischer Anlagen Maßnahmen zu treffen, die verhindern, dass Einsatzkräfte durch elektrischen Strom gefährdet werden (§ 29, UVV „Feuerwehren").

Abbildung 18: Schutzleiterprüfung an einem Stromerzeuger

Sicherer Feuerwehrdienst

Um Einsatzkräfte vor Gefahren durch elektrischen Strom zu schützen, sind insbesondere folgende Sicherheitshinweise zu beachten:

- Bei Einsätzen im Bereich elektrischer Anlagen sollten die betroffenen Anlagenteile möglichst immer freigeschaltet werden. Dazu sind geeignete Elektrofachkräfte oder elektrotechnisch unterwiesene Personen hinzu zu ziehen.
- Bei Annäherung an spannungsführende Anlagen, auch durch Leitern, Lichtmaste o. Ä., sind in Abhängigkeit von der Spannung Mindestabstände einzuhalten.

Spannungen	Mindestabstände
bis 1 kV (= 1000 V)	1 m
über 1 kV bis 110 kV	3 m
über 110 kV bis 220 kV	4 m
über 220 kV bis 380 kV	5 m
bei unbekannten Spannungen	5 m

- Bei der Brandbekämpfung im Bereich spannungsführender Anlagen sind geeignete Löschmittel (z.B. Kohlendioxid, Wasser) zu verwenden und Mindestabstände zwischen der Löschmittelaustrittsöffnung und den unter Spannung stehenden Anlagenteilen einzuhalten.
- Elektrische Betriebsmittel sollten an der Einsatzstelle immer netzunabhängig über die tragbaren oder eingebauten Stromerzeuger der Feuerwehr betrieben werden.
- Beim Anschluss der Betriebsmittel an Installationen des Einsatzobjektes sind immer geeignete Personenschutzstecker zwischen Steckdose und Verbraucher einzusetzen.
- Die elektrischen Betriebsmittel sind nach jeder Benutzung einer Sichtprüfung und zusätzlich regelmäßig einer Prüfung gemäß UVV „Elektrische Anlagen und Betriebsmittel" zu unterziehen.

Sicherer Feuerwehrdienst

6.5 Selbstkontrolle und Testfragen

(Lösungen siehe Seite 80)

1. Vor welchen Gefährdungen soll ein Feuerwehrhelm mit Nackenschutz den Feuerwehrangehörigen schützen?
   a) Vor Verletzungen durch herabfallende Gegenstände.
   b) Vor Verletzungen durch Anstoßen an Kanten, Ecken usw.
   c) Vor Verletzungen durch heftige Windeinflüsse.
   d) Vor Verletzungen durch elektrostatische Aufladungen.

2. Welche Anforderungen werden an Feuerwehrschutzschuhwerk gestellt?
   a) Eine durchtrittsichere Einlage im Sohlenbereich.
   b) Eine bestimmte Wasserdichtheit.
   c) Ein Federungskomfort im Sohlenbereich.
   d) Eine nachleuchtende Oberfläche.

3. Welche speziellen persönlichen Schutzausrüstungen können vom Einsatzleiter bestimmt werden?
   a) Sonnenbrillen bei starkem Sonnenschein.
   b) Atemschutzgeräte bei Sauerstoffmangel oder Atemgiften.
   c) Schnittschutzkleidung bei Arbeiten mit einer Motorsäge.
   d) Wollsocken bei kalter Witterung.

4. Welche Sicherheitshinweise sind bei der Handhabung der feuerwehrtechnischen Beladung zu beachten?
   a) Feuerwehrfahrzeuge und Anhänger gegen Wegrollen sichern.
   b) Geräte nur in den vorgesehenen Halterungen verladen und sichern.
   c) Beim Anheben die Wirbelsäule nur in waagerechter Haltung belasten.
   d) Gerollte Schläuche bei der Entnahme mit einer Hand umfassen.
   e) Schwere Geräte immer mit drei Personen tragen.

Sicherer Feuerwehrdienst

5. Welche Sicherheitshinweise sind bei der Wasserförderung und Wasserabgabe zu beachten?

   a) Druckschläuche möglichst am Rand von Verkehrswegen verlegen.
   b) Druckschläuche möglichst in der Mitte von Verkehrswegen verlegen.
   c) Druckschläuche auf Treppen nur am Geländerhandlauf befestigen.
   d) Druckschläuche beim Besteigen von Leitern am Körper befestigen.
   e) Druckschläuche mit mindestens zwei Einsatzkräften halten.

6. Welche Gefährdungen können beim Betrieb von Verbrennungsmotoren auftreten?

   a) Gefährdungen durch entstehende Abgase.
   b) Gefährdungen durch zurückschlagende Handkurbeln.
   c) Gefährdungen durch hydraulische Drücke.
   d) Gefährdungen durch gesundheitsschädigenden Lärm.
   e) Gefährdungen durch Umgang mit Schmierstoffen.

7. Welche Sicherheitshinweise sind beim Einsatz von Sprungrettungsgeräten zu beachten?

   a) Übungen dürfen nur einmal jährlich durchgeführt werden.
   b) Es dürfen nur max. 50 kg schwere Feuerwehrangehörige springen.
   c) Es dürfen nur max. 50 kg schwere Fallkörper verwendet werden.
   d) Die Fallhöhen sind bei Übungen auf 14 m zu begrenzen.
   e) Übungen mit Sprungrettungsgeräten sind grundsätzlich nicht erlaubt.

8. Welche Sicherheitshinweise sind beim Einsatz im Bereich elektrischer Anlagen zu beachten?

   a) Betroffene Anlagenteile möglichst immer freischalten.
   b) Geeignete Elektrofachkräfte hinzuziehen.
   c) Von spannungsführenden Anlagen immer 1,5 m Abstand halten.
   d) Für die Brandbekämpfung nur Leichtschaum einsetzen.
   e) Elektrische Geräte möglichst mit eigenem Stromerzeuger betreiben.

7 Literatur- und Quellenverzeichnis

KALLENBACH, J.: „Arbeitsschutz und Unfallverhütung bei den Feuerwehren", Rotes Heft 17, Ausgabe 1993, Verlag W. Kohlhammer, Stuttgart

MITTERER, H.: „Sorgen um Sicherheit" Zeitschrift „brandwacht", Ausgabe 01/2002

SILLER, E. und SCHLIEPHACKE, DR. J.: „Unfallverhütungsvorschrift – Allgemeine Vorschriften, Erläuterungen und Hinweise für den betrieblichen Praktiker", 5. überarbeitete Auflage 1992, Herausgeber: Berufsgenossenschaft für Feinmechanik und Elektrotechnik, Köln

Sicherheit im Feuerwehrdienst, Arbeitshilfen zur Unfallverhütung, Bundesverband der Unfallkassen, München, Stand: Oktober 1998

„Merkblatt über die gesetzliche Unfallversicherung" GUV 20.1, Bundesverband der Unfallkassen, München, Ausgabe: September 1998

„Sicherer Feuerwehrdienst – für Feuerwehrangehörige bei Übung und Einsatz" GUV 50.0.10, Bundesverband der Unfallkassen, München, Ausgabe: März 2000

Broschüre „Gesetzlicher Unfallversicherungsschutz für die Angehörigen der Freiwilligen Feuerwehren in Hessen", Unfallkasse Hessen, Frankfurt

Faltblatt „Gesetzlicher Unfallversicherungsschutz für Mitglieder der Freiwilligen Feuerwehren des Landes Nordrhein-Westfalen", Feuerwehr-Unfallkasse, Düsseldorf, Stand: 12/2001

„Die neuen Anschriften der Unfallversicherungsträger der öffentlichen Hand", Zeitschrift „Sicherheitsbeauftragter", Ausgabe: 07/98,

„Anspruch auf Mehrleistungen für Führungskräfte", Zeitschrift „Florian Hessen", Ausgabe: 07 + 08, 2001

Notizen

Lösungen

Lösungen zu Kapitel 2.4: 1. a), b) und d); 2. a) und b); 3. a), b) und d); 4. a) und c)

Lösungen zu Kapitel 3.3: 1. b) und c); 2. c) und d); 3. a) und b); 4. a), c) und d)

Lösungen zu Kapitel 4.5: 1. a), c) und d); 2. a), b) und c); 3. a), b) und d); 4. c)

Lösungen zu Kapitel 5.5: 1. a) und d); 2. a); 3. b) und d); 4. a), c) und d); 5. a), b), d) und f); 6. a), c) und d); 7. a), b) und d)

Lösungen zu Kapitel 6.5: 1. a) und b); 2. a) und b); 3. b) und c); 4. a), b) und c); 5. a); 6. a), b) und d) ; 7. c); 8. a), b) und e)